Stützmomenten-Einflußfelder durchlaufender Platten

Von

Dr.-Ing. Günter Hoeland

Hannover

Mit 8 Abbildungen und 75 Tafeln

Springer-Verlag

Berlin/Göttingen/Heidelberg

1957

ISBN-13: 978-3-642-49084-2 e-ISBN-13: 978-3-642-94706-3
DOI: 10.1007/978-3-642-94706-3

Softcover reprint of the hardcover 1st edition 1957

Vorwort

Die Verwendung von Momenten-Einflußfeldern zur Berechnung elastischer Platten fand eine große Verbreitung, als bei der Neufassung der DIN 1075, Massive Brücken, Berechnungsgrundlagen, die Forderung aufgestellt wurde, Fahrbahnplatten nach der Plattentheorie zu berechnen. Da es für den einzelnen Statiker sehr zeitraubend und auch nicht immer möglich ist, für die auftretenden Fälle die Einflußfelder zu berechnen, entstand bald der Wunsch, möglichst viele fertige Tafeln zu haben, aus denen schnell und einfach die Beanspruchungen ermittelt werden können. Für viele Fälle liegen darüber hinaus inzwischen für verschiedene Lasten fertig ausgearbeitete Tabellen in übersichtlicher Form vor.

Bisher waren aber nur Einflußfelder von Einfeldplatten allgemein bekannt. Dementsprechend wurden sie auch für die näherungsweise Berechnung durchlaufender Platten herangezogen. Die vorliegende Tafelsammlung soll hier nun eine Lücke schließen und die Berechnung der Momente über der Zwischenstütze durchlaufender Platten durch die Verwendung der Einflußfelder von Zweifeldplatten ermöglichen.

Wegen der vielen Kombinationsmöglichkeiten der Randbedingungen, Seitenverhältnisse und Aufpunktsordinaten ist es bei Zweifeldplatten noch viel schwieriger, eine für die Praxis „vollständige" Sammlung zu schaffen, als bei Einfeldplatten. Es wurden deshalb (mit Ausnahme der Tafel 21) nur Platten mit frei drehbar gelagerten Längsrändern und bis auf wenige Ausnahmen auch nur Einflußfelder für das Moment über der Mitte der Stütze berechnet. Um einen besseren Vergleich mit Einfeldplatten zu gestatten, wurden außerdem einige neue Tafeln für diese aufgeführt. Darüber hinaus wurden einige Einflußfelder für Platten mit elastischen Zwischenstützen berechnet, da gerade die Berücksichtigung der Nachgiebigkeit der Zwischenstützen auf der einen Seite häufig wirtschaftliche Vorteile bringt, auf der anderen Seite aber einen erheblichen zusätzlichen Rechenaufwand erfordert.

Bei dem Umfang der Zahlenrechnung zur Ermittlung der Tafeln ist es leicht möglich, daß sich hier und da kleinere Zahlenfehler eingeschlichen haben. Wesentliche Differenzen konnten aber wohl in allen Fällen durch Vergleich der Tafeln untereinander und mit bereits veröffentlichten Tafeln ausgeschaltet werden. Trotzdem bin ich aber für jede kritische Betrachtung dankbar, kann sie doch nur helfen, die Kenntnisse über das Tragverhalten elastischer Platten zu erweitern.

Dem Springer-Verlag sei an dieser Stelle besonders gedankt, hat er doch durch seine Bereitwilligkeit zur Herausgabe dieser Tafeln wesentlich zum Gelingen des Werkes beigetragen.

Hannover, im Oktober 1956

G. Hoeland

Inhaltsverzeichnis

Erster Teil

Allgemeine Angaben

Zweiter Teil

Tafelsammlung

Erster Teil

Allgemeine Angaben

Einleitung

Einflußfelder elastischer Platten wurden bereits von den verschiedensten Verfassern [u. a. *1*··· *7*] in großer Zahl berechnet. Alle diese Tabellen und Tafeln gelten jedoch nur für Einfeldplatten. Lediglich BITTNER [*1*] gab zusätzlich Näherungswerte für den Einfluß der Durchlaufwirkung an. Da diese Näherungsberechnungen für die Feldmomente sehr gute Werte ergeben, werden hier nur die Momente über einer Zwischenstütze betrachtet. Dabei spielt es grundsätzlich keine Rolle, ob diese Zwischenstütze starr oder elastisch ist.

Um die Tafelsammlung nicht zu umfangreich zu gestalten, wurden nur Platten mit zwei frei drehbar gelagerten Längsrändern berücksichtigt. Der Einfluß eingespannter Längsränder läßt sich leicht durch einen Vergleich mit den entsprechenden Einfeldplatten gewinnen. Der Einfluß freier Längsränder dagegen wurde bisher bei der Berechnung der Stützmomenten-Einflußfelder noch nicht untersucht. Er wird auch in der vorliegenden Tafelsammlung nicht behandelt.

Die Ermittlung der Stützmomenten-Einflußfelder durchlaufender elastischer Platten

Bezeichnen wir die Einflußordinaten mit w, die Stützweite in x-Richtung mit l_x, die Abszisse des Aufpunktes mit u, $n\pi/l_x = a$ und die Koordinaten mit x und y, so läßt sich das Einflußfeld für das Moment am eingespannten Querrand eines Plattenhalbstreifens durch die Reihe

$$w_0 = -2\sum_{n=1,2\cdots}^{\infty} \frac{y}{l_x} e^{-ay} \cdot \sin a u \cdot \sin a x \tag{1}$$

berechnen, wenn der Koordinatenursprung in der einen Ecke liegt. Aus diesem Einflußfeld Gl. (1) läßt sich unter Berücksichtigung der Symmetriebedingungen das Einflußfeld für das Moment über der starren Zwischenstütze eines Plattenstreifens gewinnen.

Dieses läßt sich darstellen durch die Reihe

$$w_0 = -\sum_{n=1,2\cdots}^{\infty} \frac{y}{l_x} \cdot e^{-ay} \cdot \sin a u \cdot \sin a x\,. \tag{2}$$

Es ist beiderseits der Zwischenstütze und symmetrisch zu dieser aufzutragen.

Bei der Berechnung der Stützmomenten-Einflußfelder von Rechteckplatten mit zwei frei drehbar gelagerten Längsrändern wird nun die Reihe Gl. (1) (wenn es sich um durchlaufende Platten handelt die Reihe Gl. (2)) als Singularität benutzt und durch Regularteile von der Form

$$\overline{w} = \sum_{n=1,2\cdots}^{\infty} [A_n \operatorname{Cos} a y + B_n y \operatorname{Sin} a y + C_n \operatorname{Sin} a y + D_n y \operatorname{Cos} a y] \sin a x \tag{3}$$

derart ergänzt, daß die zusätzlichen Randbedingungen an den Gegenrändern (die dem Aufpunkt gegenüberliegenden Ränder) ebenfalls erfüllt werden. Da der Singularteil für sich bereits am eingespannten Querrand (bzw. an der Zwischenstütze) die Randbedingungen erfüllt, genügt es, diese auch für den Regularteil für sich alleine zu erfüllen. An den Gegenrändern lauten die Randbedingungen (Querdehnung $\nu = 0$):

frei drehbar gestützter Gegenrand:

$$w = w_0 + \overline{w} = 0\,, \tag{4}$$

$$\frac{\partial^2 w}{\partial y^2} = \frac{\partial^2 w_0}{\partial y^2} + \frac{\partial^2 \overline{w}}{\partial y^2} = 0\,; \tag{5}$$

eingespannter Gegenrand:

$$w = w_0 + \overline{w} = 0\,, \tag{6}$$

$$\frac{\partial w}{\partial y} = \frac{\partial w_0}{\partial y} + \frac{\partial \overline{w}}{\partial y} = 0\,; \tag{7}$$

freier Gegenrand:

$$\frac{\partial^2 w}{\partial y^2} = \frac{\partial^2 w_0}{\partial y^2} + \frac{\partial^2 \overline{w}}{\partial y^2} = 0\,, \tag{8}$$

$$q_y = q_{y\,0} + q_{\overline{y}} = 0\,. \tag{9}$$

Dabei bezeichnet q_y die Randquerkraft mit

$$q_y = -N\left(\frac{\partial^3 w}{\partial y^3} + 2\,\frac{\partial^3 w}{\partial x^2\,\partial y}\right). \tag{10}$$

Die Kontinuitätsbedingungen an der Zwischenstütze lauten:

$$\overline{w}_{\text{links}} = \overline{w}_{\text{rechts}} = 0\,, \tag{11}$$

$$\frac{\partial \overline{w}_{\text{links}}}{\partial y_{\text{links}}} = -\frac{\partial \overline{w}_{\text{rechts}}}{\partial y_{\text{rechts}}} \tag{12}$$

und

$$\frac{\partial^2 \overline{w}_{\text{links}}}{\partial y^2_{\text{links}}} = +\frac{\partial^2 \overline{w}_{\text{rechts}}}{\partial y^2_{\text{rechts}}}\,. \tag{13}$$

Dabei ist $u_1 = l_x - u_2$ und $x_1 = l_x - x_2$. (14)

Im Sonderfall der elastischen Zwischenstütze lauten an dieser die Rand- und Kontinuitätsbedingungen:

$$\overline{w}_{\text{links}} = \overline{w}_{\text{rechts}} = w_{\text{Querträger}}\,. \tag{15}$$

sowie Gl. (12) und Gl. (13). Auch hier ist wieder entsprechend Gl. (14) $u_1 = l_x - u_2$ und $x_1 = l_x - x_2$.

Die Randquerkraft q_y (10) übt eine Belastung auf die elastische Zwischenstütze aus, die sich unter dieser Belastung verformt. Dieser Verformung ist die Platte entsprechend Gl. (15) wieder anzupassen.

Angrenzende schiefwinklige Platten

Sehr häufig, insbesondere bei schiefen Brücken, tritt der Fall ein, daß an eine Rechteckplatte oder einen Plattenhalbstreifen eine schiefwinklige Platte (Dreieck- oder Trapezplatte) angrenzt. Dieser Fall wurde deshalb ebenfalls untersucht.

Die Ermittlung der Einflußfelder für schiefwinklige Platten, insbesondere für Dreieckplatten, erfordert einen wesentlich größeren Rechenaufwand bei geringerer Genauigkeit gegenüber entsprechenden Rechteckplatten. Für den Sonderfall eines Plattenhalbstreifens mit angrenzender Dreieckplatte (Schiefe 45°) wurde das Einflußfeld für die Mitte über der starren Zwischenstütze näherungsweise berechnet und in Tafel 67 dargestellt.

Es sei nun ein Weg beschrieben, um aus den vorhandenen Einflußfeldern rechteckiger Platten die Momente und deren Verlauf über der Zwischenstütze bei angrenzenden schiefwinkligen Platten zu berechnen. Erläutert sei dieser Weg zuerst bei einer angrenzenden Dreieckplatte.

Die Dreieckplatte wird durch verschiedene Rechteckplatten ersetzt, deren Gegenränder die gleichen Randbedingungen aufweisen wie die zu untersuchende Dreieckplatte.

An der stumpfen Ecke, dort also, wo der schiefe Rand die x-Achse (Achse der Zwischenstütze) schneidet, ist die ursprünglich schon vorhandene Rechteckplatte (bei einer Platte entsprechend Tafel 67 der Halbstreifen) praktisch eingespannt. Für den angrenzenden Bereich wird man deshalb bis etwa $x = 0{,}1 \cdot l_x$ auch von der eingespannten Platte ausgehen und das für diese gültige Moment berücksichtigen. Für das Moment über der Mitte

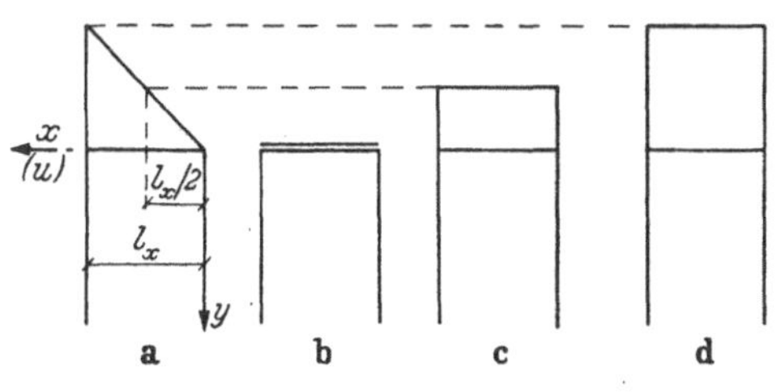

Abb. 1

a Vorhandene Platte (s. Tafel 67),
b Vergleichsplatte für $u = 0$ (s. PUCHER, Tafel 9),
c Vergleichsplatte für $u = l_x/2$ (s. Tafel 58)
d Vergleichsplatte für $u = l_x$ (s. Tafel 64)

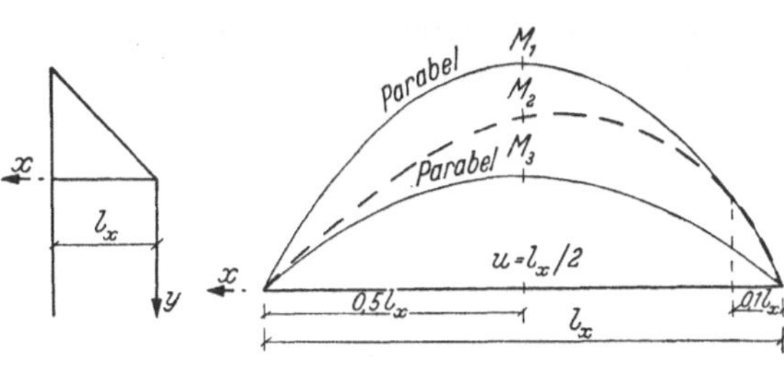

Abb. 2

M_1 Moment m_y für eine Platte entsprechend Abb. 1b,
M_2 Moment m_y für eine Platte entsprechend Abb. 1c,
M_3 Moment m_y für eine Platte entsprechend Abb. 1d.
——— Verlauf des Momentes m_y über der Zwischenstütze bei angrenzender Dreieckplatte. Im Bereich $0 < x < 0{,}1 \cdot l_x$ Verlauf wie Parabel zu M_1, bei $x = l_x$ tangential zur Parabel zu M_3

der Zwischenstütze kann man die Dreieckplatte näherungsweise durch eine flächengleiche Rechteckplatte mit gleichen Randbedingungen ersetzen. Neben dem zweiten Längsrand wird die Dreieckplatte durch eine Rechteckplatte doppelter Größe ersetzt. Die Abb. 1 möge dies für den Fall einer durchlaufenden Platte entsprechend Tafel 67 erläutern.

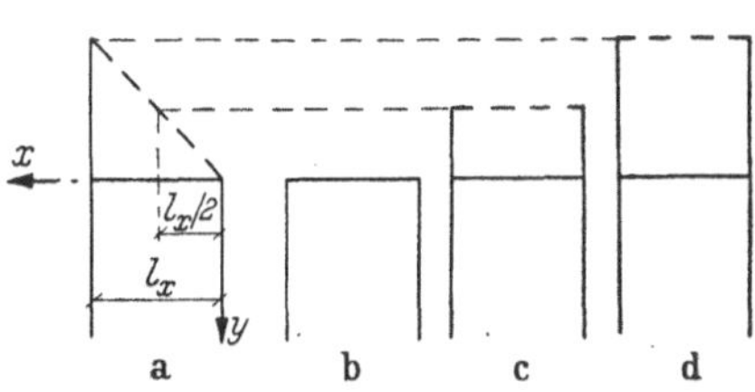

Abb. 3

a Vorhandene Platte mit freiem Gegenrand,
b Vergleichsplatte für $u = 0$ (keine Einspannung),
c Vergleichsplatte für $u = l_x/2$ (siehe Tafel 60),
d Vergleichsplatte für $u = l_x$ (Tafel 66)

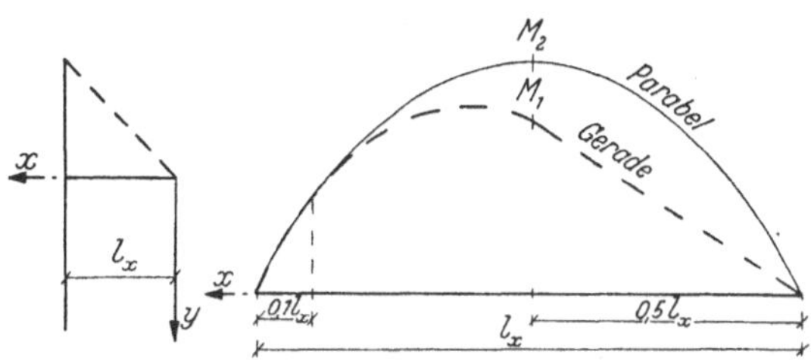

Abb. 4

M_1 Moment m_y für eine Platte entsprechend Abb. 3c
M_2 Moment m_y für eine Platte entsprechend Abb. 3d
Verlauf des Momentes über der Zwischenstütze bei angrenzender Dreieckplatte mit freiem Gegenrand. Im Bereich $0 < x < l_x/2$ gerade, im Bereich $0{,}9 \cdot l_x < x < l_x$ Verlauf wie Parabel zu M_2

Da die Einflußfelder jedoch bis auf wenige Ausnahmen nur für die Mitte über der Zwischenstütze vorliegen, wird man zur Vereinfachung auch von diesen Einflußfeldern ausgehen und für die einzelnen Fälle jeweils den Momentenverlauf (meist entsprechend einer Parabel) über der Zwischenstütze berücksichtigen. In Abb. 2 ist der Weg dargestellt. Dabei ist nicht unbedingt

$$M_1 > M_2 > M_3 .$$

Analog hierzu ergibt sich, wenn die angrenzende Dreieckplatte einen freien Gegenrand hat, entsprechend Abb. 3 ein Momentenverlauf nach Abb. 4.

Grenzen eine Rechteckplatte und eine Trapezplatte (Abb. 5) aneinander, so kann ganz entsprechend vorgegangen werden.

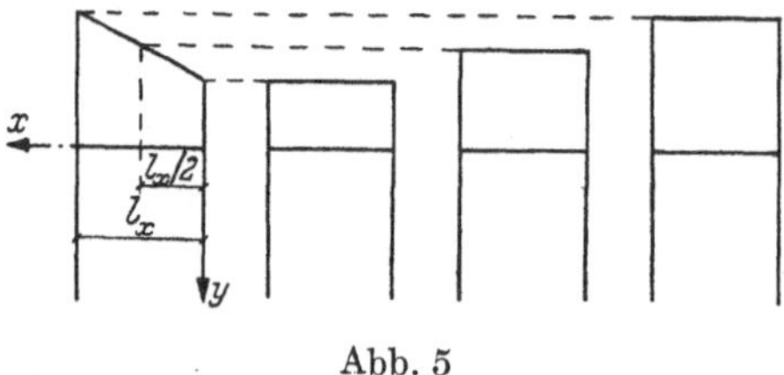

Abb. 5

Das oben beschriebene Verfahren kann sowohl zur Ermittlung des Verlaufs der Momente aus Verkehr als auch der Momente aus Eigengewicht angewendet werden.

Auswertung der Einflußfelder

Zur Auswertung der Einflußfelder wurden schon die verschiedensten Methoden angegeben. Sie seien hier nicht wiederholt. Dagegen sei ein Weg beschrieben, der durch die Bestimmung der mittleren Einflußordinate insbesondere für solche Lasten sehr anschaulich ist, die nur einen kleinen Teil der Platten bedecken.

Zur Ermittlung dieser mittleren Ordinate zeichnet man zuerst die Aufstandsfläche maßstabsgetreu in das Einflußfeld ein und teilt sie dann in ein Raster, möglichst mit gerader Felderzahl, auf. Dann werden zuerst für die Schnitte in der einen Richtung für jeden Schnitt nach der SIMPSONschen Regel die mittleren Ordinaten ermittelt. Für die einzelnen Schnitte ist

$$w_{im} = \frac{\Sigma\, n\, w}{\Sigma\, n} \tag{16}$$

mit $n = 1, 4, 2, 4, 2, \ldots$ entsprechend der SIMPSONschen Regel. Die mittlere Ordinate w_m ergibt sich aus den mittleren Ordinaten w_{im} der einzelnen Schnitte i entsprechend

$$w_m = \frac{\Sigma n\, w_{i\,m}}{\Sigma\, n}\,. \tag{17}$$

Für das Plattenmoment ergibt sich dann:

$$m = P \cdot w_m\,. \tag{18}$$

In den meisten Fällen wird man die Einzelordinaten w mit genügender Genauigkeit aus den Einflußfeldern herauslesen können. Falls diese Genauigkeit nicht genügt, kann

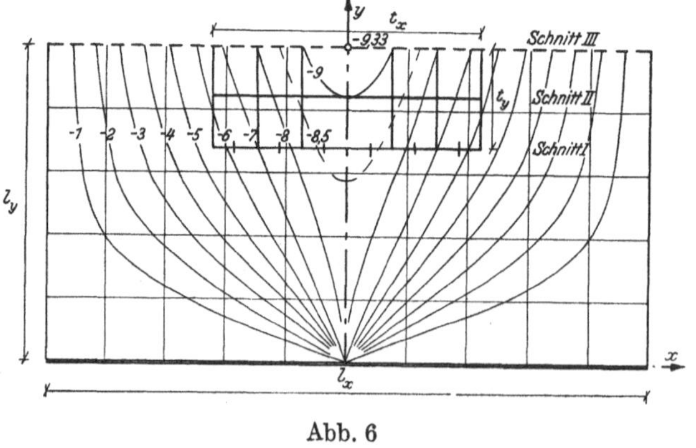

Abb. 6

man vorher die Schnitte x = konst. oder y = konst. entsprechend dem gewählten Raster auftragen und aus diesen Schnitten die Ordinaten dann mit genügender Genauigkeit ablesen.

Die Maschenweite des Rasters wird man jeweils dem Abstand der Höhenschichtlinien entsprechend weiter oder enger wählen. Dabei ist es nicht unbedingt erforderlich, in jedem Schnitt i die gleiche Maschenweite zu benutzen. Die Schnitte i werden aber zweckmäßig in gleiche Abstände gelegt, da sonst die Ermittlung der Werte n leicht Fehler in sich birgt und unübersichtlich wird.

An einem Beispiel sei die Berechnung einer mittleren Ordinate näher erläutert (vgl. Abb. 6).

Alle Schnitte i werden von links nach rechts betrachtet. Alle Ordinaten w sind entsprechend den Einflußfeldern 8π-fach.

Schnitt I			Schnitt II			Schnitt III		
w	n	$n \cdot w$	w	n	$n \cdot w$	w	n	$n \cdot w$
−5,6	1	− 5,6	−6,2	1	− 6,2	−6,6	1	− 6,0
−6,3	4	−25,2	−7,6	4	−30,4	−8,0	4	−32,0
−7,0	2	−14,0	−8,7	2	−17,4	−9,0	2	−18,0
−7,8	4	−31,2	−9,0	2	−18,0	−9,33	2	−18,66
−8,3	2	−16,6						
−8,6	4	−34,4						
−8,7	1	− 8,7						
	18	−135,7		9	−72,0		9	−74,66

$$w_{Im} = \frac{-135{,}7}{18} = -7{,}54\,; \qquad w_{IIm} = \frac{-72{,}0}{9} = -8{,}00\,;$$

$$w_{IIIm} = \frac{-74{,}66}{9} = -8{,}30\,.$$

w_{im}	n	$n \cdot w_{im}$	
−7,54	1	− 7,54	Schnitt I
−8,00	4	−32,00	Schnitt II
−8,30	1	− 8,30	Schnitt III
	6	−47,84	

$$w_m = \frac{-47{,}84}{6} = -7{,}97\,.$$

Da die Last auf der Symmetrieachse steht, braucht nur die eine Hälfte berechnet zu werden. Für das Moment ergibt sich nun: $m = P \cdot \frac{-7{,}97}{8\pi}$. Dabei ist P die gesamte Last, nicht etwa die Last, die anteilig auf der einen Hälfte ruht.

Vergleich mit den Näherungsverfahren der DIN 1075

In der DIN 1075 (Fassung vom August 1951) wird gefordert, Fahrbahnplatten von Straßenbrücken nach der Plattentheorie zu berechnen. Da nicht für alle auftretenden Fälle genaue Unterlagen vorhanden sind oder mit vertretbarem Rechenaufwand aufgestellt werden können, werden für verschiedene Fälle, insbesondere für die Berechnung durchlaufender Platten, Näherungsverfahren gestattet. Die Ergebnisse dieser Näherungsverfahren weisen zum größten Teil eine genügende Genauigkeit auf, in einigen Fällen weichen sie aber erheblich von den genauen Werten ab. Da gerade bei den Stützmomenten durchlaufender Platten eine erhebliche Diskrepanz gegenüber den Feldmomenten im Vergleich zum einfachen Balken festgestellt wurde, wurden diese Momente durch systematische Auswertung von Einflußfeldern genauer ermittelt. Die Untersuchung erstreckte sich über Zweifeldplatten verschiedener Seitenverhältnisse und über beide Fahrtrichtungen für eine Belastung entsprechend der Brückenklasse 60 (nach DIN 1072, Ausgabe Juni 1952). Es zeigte sich, daß die Momente über der Zwischenstütze einer durchlaufenden Platte bis etwa zu 40% kleiner sind als die Einspannmomente einer entsprechenden Einfeldplatte. Besonders große Abweichungen zeigten sich bei Stützweiten von 4 ··· 10 m.

Die Untersuchung gilt jedoch nur für solche Platten, die an der Zwischenstütze frei drehbar gelagert sind. Es wurden weder eine elastische Einspannung der Platte in den Unterstützungsträger noch eine elastische Nachgiebigkeit der Zwischenstütze untersucht.

Das Ergebnis der durchgeführten Auswertungen läßt sich am einfachsten in einigen Abbildungen darstellen. Abb. 7 zeigt das Verhältnis $\Phi = M_E/M_{St}$ in Abhängigkeit von der

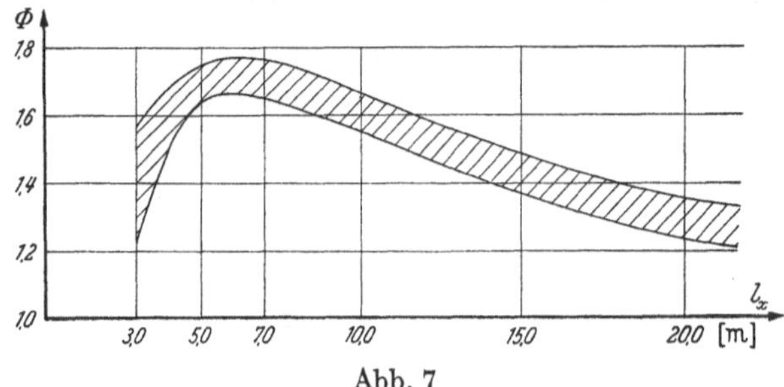

Abb. 7
M_E Einspannmoment der Einfeldplatte, M_{St} Stützmoment der Zweifeldplatte, Brückenklasse 60. $\Phi = M_E/M_{St}$

Stützweite l_x der Platte. Dabei bezeichnet M_E das Einspannmoment der Einfeldplatte, M_{St} das Stützmoment der entsprechenden Zweifeldplatte und l_x die Stützweite der Platten in x-Richtung entsprechend den Tafeln 1⋯75. Alle ermittelten Werte für die Brückenklasse 60 lagen innerhalb des schraffierten Bereiches der Abb. 7.

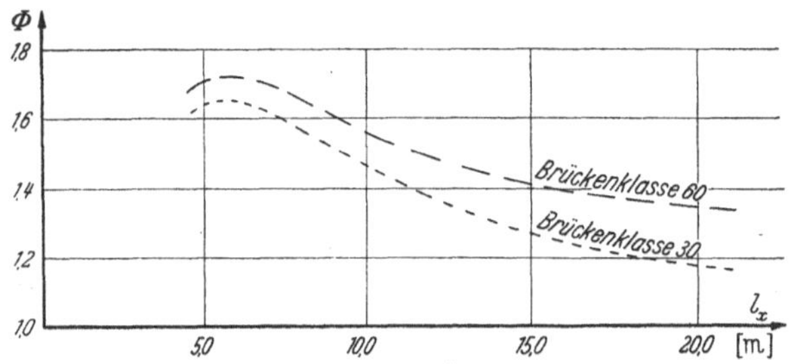

Abb. 8. Φ in Abhängigkeit von der Brückenklasse

Die Abb. 8 zeigt vergleichsweise für ein Seitenverhältnis und eine Fahrtrichtung die Ergebnisse der Untersuchung in Abhängigkeit von der Brückenklasse. Die Abbildung läßt erkennen, daß die Abweichungen für große Einzellasten besonders groß werden.

Literatur

[1] Bittner, E.: Momententafeln und Einflußflächen für kreuzweis bewehrte Eisenbetonplatten, Wien: Springer 1938.

[2] Olsen-Reinitzhuber: Die zweiseitig gestützte Platte, Berlin: W. Ernst & Sohn, 1950.

[3] Pucher, A.: Die Momenteneinflußfelder rechteckiger Platten, Berlin: W. Ernst & Sohn, 1938.

[4] Pucher, A.: Über die Singularitätenmethode an elastischen Platten, Ing. Arch. Bd. 12 (1941), S. 77.

[5] Pucher, A.: Rechteckplatten mit zwei eingespannten Rändern, Ing. Arch. Bd. 14, (1943), S. 246.

[6] Pucher, A.: Einflußfelder elastischer Platten. Wien: Springer, 1951.

[7] Dworzak, W.: Der freie Rand an rechteckigen Platten, Österreichisches Ing. Arch. Bd. 1 (1946), S. 66.

[8] Hoeland, G.: Stützmomenteneinflußfelder durchlaufender elastischer Platten mit zwei frei drehbar gelagerten Rändern, Diss. Hannover 1954. Ein Auszug dieser Arbeit erschien im Ing. Arch. Bd. 24 (1956), S. 124.

[9] Rüsch, H.: Fahrbahnplatten von Straßenbrücken, Berlin; W. Ernst & Sohn, 1956.

Zweiter Teil

Tafelsammlung

Erläuterungen zu den Tafeln

Da die Darstellung der Einflußfelder als Höhenschichtlinienplan am übersichtlichsten ist und auch bei der Auswertung am schnellsten zum Ziele führt, wurde auch hier diese Form gewählt. In Anlehnung an bestehende Veröffentlichungen wurden alle Einflußfelder 8π-fach aufgetragen und für die Randbedingungen die folgenden Symbole benutzt:

——————— Rand starr gestützt und frei drehbar gelagert,
═══════ Rand starr gestützt und fest eingespannt,
— — — — freier Plattenrand.

An den Zwischenstützen sind die Platten bei den Tafeln 9··· 67 starr, bei den Tafeln 68··· 75 elastisch gestützt.

Alle Einflußfelder haben im Aufpunkt singuläre Stellen. Die Einflußordinaten im Aufpunkt sind für alle durchlaufenden Platten über starren Zwischenstützen gleich, nämlich $-1/2\pi$ gegenüber $-1/\pi$ für starr eingespannte Platten. Für die elastisch gestützten Platten ergeben sich im Aufpunkt jeweils zwei Werte, deren Differenz $1/2\pi$ beträgt. Bei diesen Tafeln (68··· 75) wurden beide Werte neben dem Aufpunkt angegeben.

Die Einheitslänge (hier in allen Fällen l_x) läßt sich aus den Tafeln durch Ausmessen gewinnen. Für l_x wurden verschiedene Längen gewählt, um die Tafeln jeweils in möglichst großem Maßstab darstellen zu können.

Die Tafeln wurden unter Vernachlässigung der Querdehnung ν aufgestellt.

Zusammenstellung der Tafeln

In der folgenden Tabelle sind alle in diesem Buch angegebenen Einflußfelder aufgeführt. Zu jedem dieser Einflußfelder wurden neben einer Skizze mit den Randbedingungen die Seitenverhältnisse der Plattenfelder und die Momente für gleichmäßig verteilte Vollast (für jedes Feld getrennt) zusammengestellt. Um bei Plattenhalbstreifen auch die nicht dargestellten Bereiche einer Auswertung zugänglich zu machen, werden für diese Platten zusätzlich die Gleichungen für diese Bereiche (jeweils das erste Reihenglied) angeführt. Im Gegensatz zur Gl. (2) heißt es hier aber $\cos \frac{x}{l_x}$, da der Koordinatenursprung bei den Tafeln in die Mitte gelegt wurde statt in die eine Ecke.

Tabelle zur Tafelsammlung

Tafel	Plattenfeld Feld 1	Plattenfeld Feld 2	Seitenverhältnisse Feld 1 l_x/l_y	Seitenverhältnisse Feld 2 l_x/l_y	Flächenlast Faktor: $q \cdot l_x^2$ Feld 1	Flächenlast Faktor: $q \cdot l_x^2$ Feld 2	Bemerkungen
1	x, y		1:0,5	—	−0,0301	—	
2	x, y		1:0,5	—	−0,0208	—	
3	x, y		1:0,5	—	−0,0733	—	
4	x, y		1:0,75	—	−0,0588	—	
5	x, y		1:0,75	—	−0,0449	—	
6	x, y		1:0,75	—	−0,1036	—	
	x, y		1:1	—	−0,084	—	Vgl. PUCHER [6] Tafel 24
	x, y		1:1	—	−0,069	—	Vgl. PUCHER [6] Tafel 33
7	x, y		1:1	—	−0,1177	—	
	x, y		1:∞	—	−0,1250	—	Vgl. PUCHER [6] Tafel 9 $w = -2\frac{y}{l_x} e^{-\frac{\pi y}{l_x}} \cos\pi\frac{x}{l_x}$

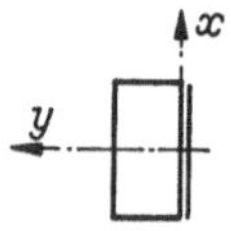

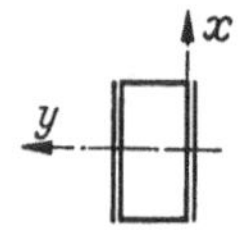

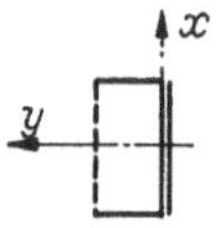

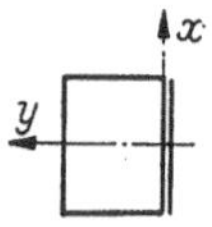

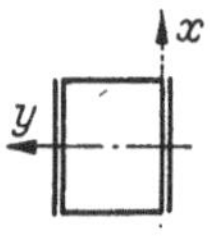

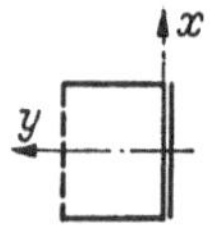

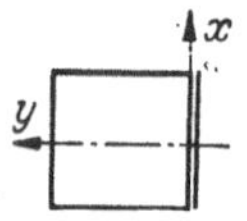

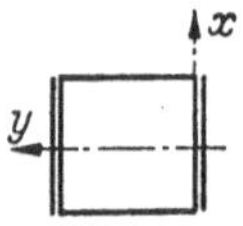

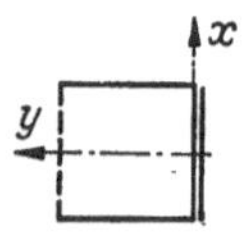

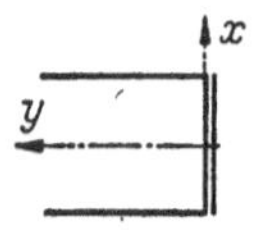

Tafel	Plattenfeld (Feld 1, Feld 2)	Seitenverhältnisse Feld 1 l_x/l_y	Seitenverhältnisse Feld 2 l_x/l_y	Flächenlast Faktor: $q \cdot l_x^2$ Feld 1	Flächenlast Faktor: $q \cdot l_x^2$ Feld 2	Bemerkungen
8	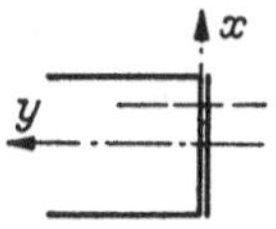	1 : ∞	—	−0,0936	—	$w = -\sqrt{2}\,\frac{y}{l_x}\,e^{-\frac{\pi y}{l_x}} \cos\frac{\pi x}{l_x}$ Moment im Viertelspunkt
9	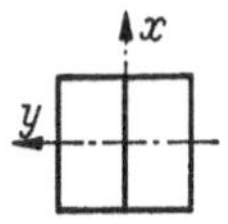	1 : 0, 5	1 : 0,5	−0,0151	−0,0151	
10	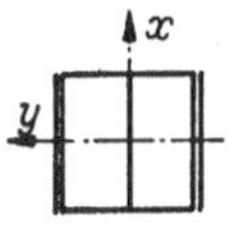	1 : 0,5	1 : 0,5	−0,0104	−0,0104	
11	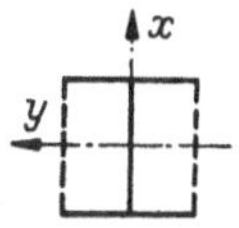	1 : 0,5	1 : 0,5	−0,0367	−0,0367	
12	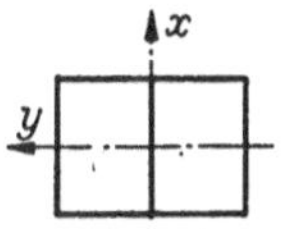	1 : 0,75	1 : 0,75	−0,0294	−0,0294	
13	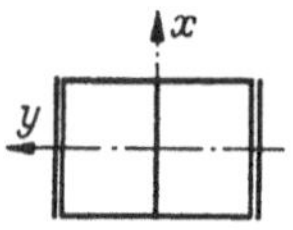	1 : 0,75	1 : 0,75	−0,0225	−0,0225	
14	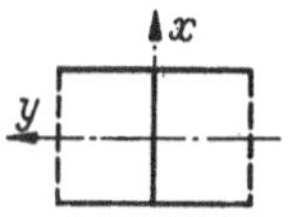	1 : 0,75	1 : 0,75	−0,0518	−0,0518	
15	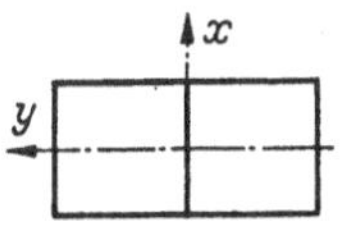	1 : 1	1 : 1	−0,042	−0,042	
16	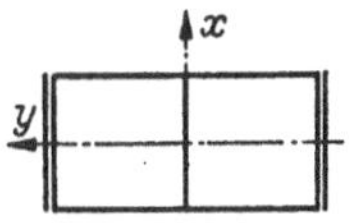	1 : 1	1 : 1	−0,035	−0,035	
17	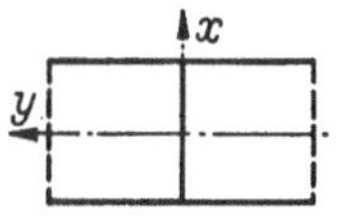	1 : 1	1 : 1	−0,0589	−0,0589	

Tafel	Plattenfeld (Feld 1 / Feld 2)	Seitenverhältnisse Feld 1 l_x/l_y	Seitenverhältnisse Feld 2 l_x/l_y	Flächenlast Faktor: $q \cdot l_x^2$ Feld 1	Flächenlast Faktor: $q \cdot l_x^2$ Feld 2	Bemerkungen
18	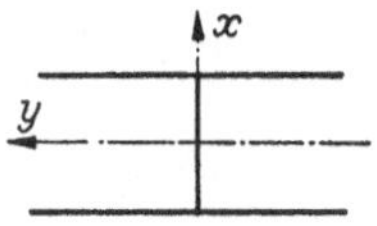	1 : ∞	1 : ∞	−0,0625	−0,0625	$w = -\frac{y}{l_x} e^{-\frac{\pi y}{l_x}} \cos\frac{\pi x}{l_x}$
19	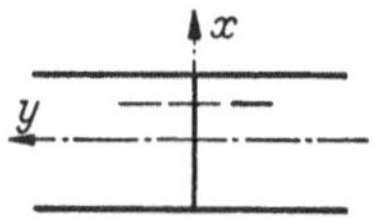	1 : ∞	1 : ∞	−0,0469	−0,0469	$w = -\frac{1}{\sqrt{2}} \frac{y}{l_x} e^{-\frac{\pi y}{l_x}} \cos\frac{\pi x}{l_x}$ Moment im Viertelspunkt
20	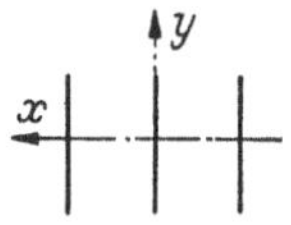	1 : ∞	1 : ∞	−0,0625	−0,0625	
21	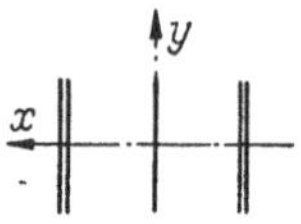	1 : ∞	1 : ∞	−0,0417	−0,0417	
22	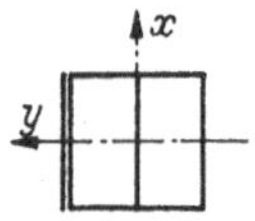	1 : 0,5	1 : 0,5	−0,0095	−0,0167	
23	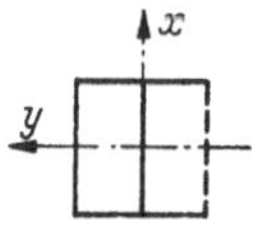	1 : 0,5	1 : 0,5	−0,0116	−0,0445	
24	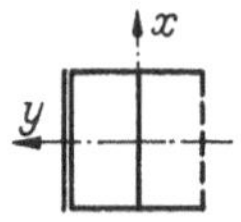	1 : 0,5	1 : 0,5	−0,0070	−0,0477	
25	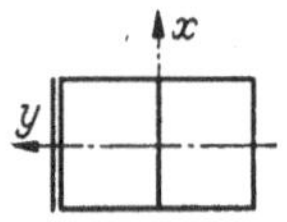	1 : 0,75	1 : 0,75	−0,0213	−0,0308	
26	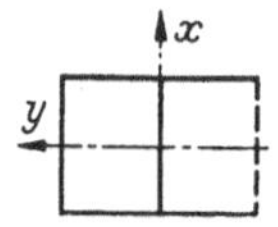	1 : 0,75	1 : 0,75	−0,0273	−0,0555	
27	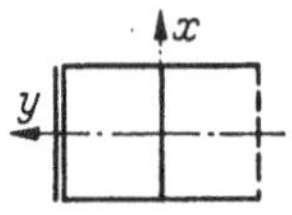	1 : 0,75	1 : 0,75	−0,0197	−0,0578	

Tafel	Plattenfeld Feld 1 Feld 2	Seitenverhältnisse Feld 1 l_x/l_y	Seitenverhältnisse Feld 2 l_x/l_y	Flächenlast Faktor: $q \cdot l_x^2$ Feld 1	Flächenlast Faktor: $q \cdot l_x^2$ Feld 2	Bemerkungen
28	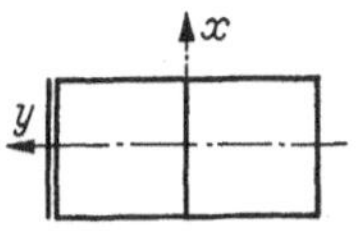	1:1	1:1	−0,0343	−0,0427	
29	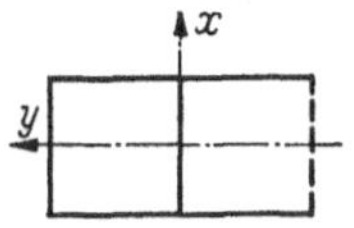	1:1	1:1	−0,0410	−0,0601	
30	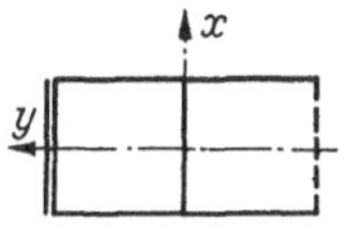	1:1	1:1	−0,0335	−0,0612	
31	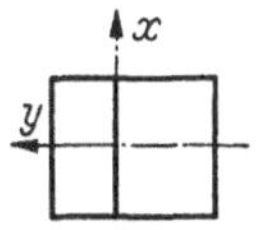	1:0,5	1:0,75	−0,0136	−0,0321	
32	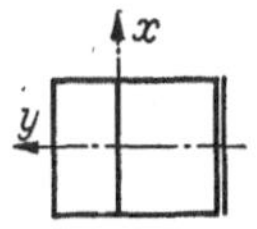	1:0,5	1:0,75	−0,0144	−0,0234	
33	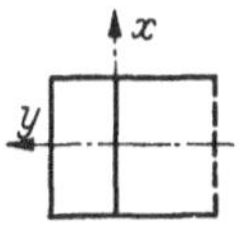	1:0,5	1:0,75	−0,0125	−0,0599	
34	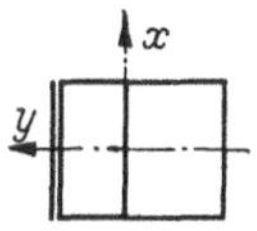	1:0,5	1:0,75	−0,0085	−0,0349	
35	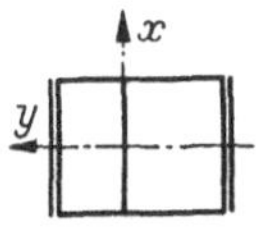	1:0,5	1:0,75	−0,0090	−0,0257	
36	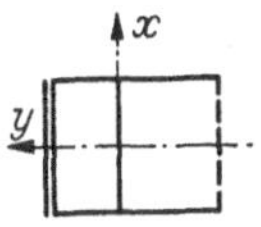	1:0,5	1:0,75	−0,0075	−0,0638	
37	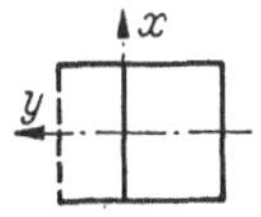	1:0,5	1:0,75	−0,0414	−0,0256	

Tafel	Plattenfeld (Feld 1, Feld 2)	Seitenverhältnisse Feld 1 l_x/l_y	Seitenverhältnisse Feld 2 l_x/l_y	Flächenlast Faktor: $q \cdot l_x^2$ Feld 1	Flächenlast Faktor: $q \cdot l_x^2$ Feld 2	Bemerkungen
38	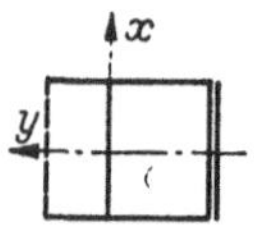	1 : 0,5	1 : 0,75	−0,0430	−0,0184	
39	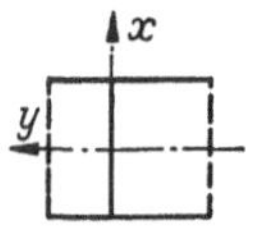	1 : 0,5	1 : 0,75	−0,0388	−0,0489	
40	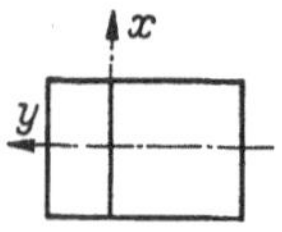	1 : 0,5	1 : 1	−0,0132	−0,0465	
41	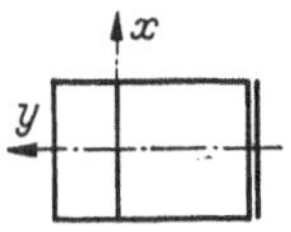	1 : 0,5	1 : 1	−0,0135	−0,0382	
42	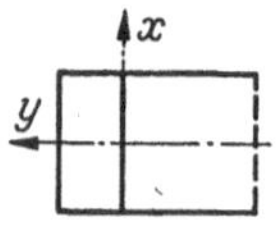	1 : 0,5	1 : 1	−0,0129	−0,0663	
43	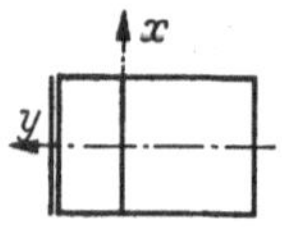	1 : 0,5	1 : 1	−0,0082	−0,0501	
44	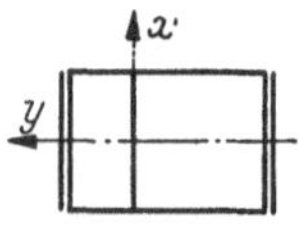	1 : 0,5	1 : 1	−0,0083	−0,0412	
45	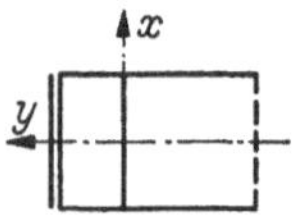	1 : 0,5	1 : 1	−0,0080	−0,0710	
46	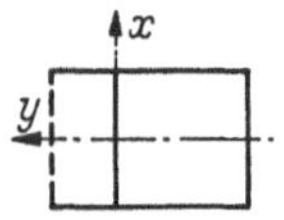	1 : 0,5	1 : 1	−0,0404	−0,0378	
47	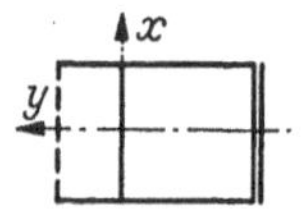	1 : 0,5	1 : 1	−0,0411	−0,0305	

Tafel	Plattenfeld Feld 1 Feld 2	Seitenverhältnisse Feld 1 l_x/l_y	Seitenverhältnisse Feld 2 l_x/l_y	Flächenlast Faktor: $q \cdot l_x^2$ Feld 1	Flächenlast Faktor: $q \cdot l_x^2$ Feld 2	Bemerkungen
48	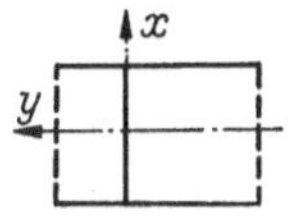	1 : 0,5	1 : 1	–0,0396	–0,0546	
49	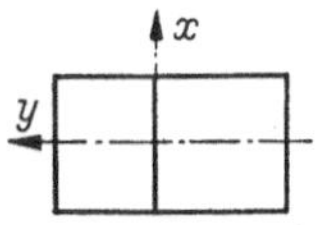	1 : 0,75	1 : 1	–0,0286	–0,0431	
50	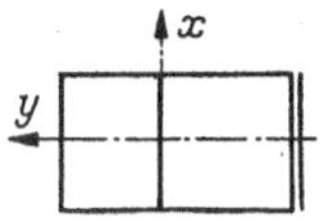	1 : 0,75	1 : 1	–0,0292	–0,0352	
51	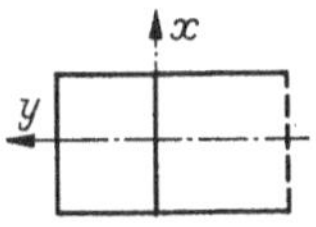	1 : 0,75	1 : 1	–0,0279	–0,0616	
52	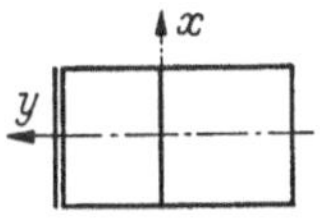	1 : 0,75	1 : 1	–0,0207	–0,0449	
53	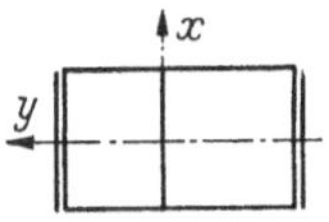	1 : 0,75	1 : 1	–0,0212	–0,0369	
54	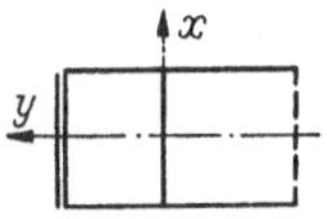	1 : 0,75	1 : 1	–0,0203	–0,0641	
55	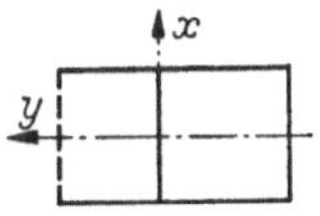	1 : 0,75	1 : 1	–0,0541	–0,0401	
56	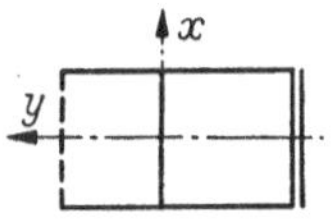	1 : 0,75	1 : 1	–0,0551	–0,0327	
57	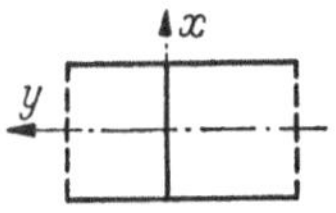	1 : 0,75	1 : 1	–0,0530	–0,0577	

Tafel	Plattenfeld (Feld 1, Feld 2)	Seitenverhältnisse Feld 1 l_x/l_y	Seitenverhältnisse Feld 2 l_x/l_y	Flächenlast Faktor: $q \cdot l_x^2$ Feld 1	Flächenlast Faktor: $q \cdot l_x^2$ Feld 2	Bemerkungen
58	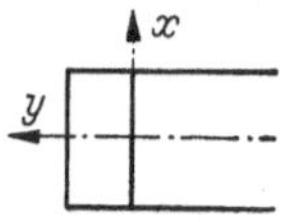	1 : 0,5	1 : ∞	−0,0131	−0,0699	$w = -1{,}115 \frac{y}{l_x} e^{-\frac{\pi y}{l_x}} \cdot \cos \frac{\pi x}{l_x}$
59	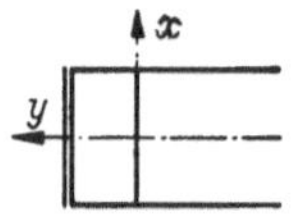	1 : 0,5	1 : ∞	−0,0081	−0,0751	$w = -1{,}195 \frac{y}{l_x} e^{-\frac{\pi y}{l_x}} \cdot \cos \frac{\pi x}{l_x}$
60	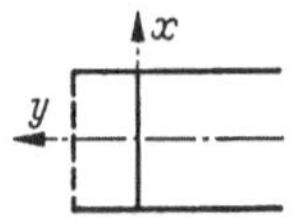	1 : 0,5	1 : ∞	−0,0400	−0,0572	$w = -0{,}916 \frac{y}{l_x} e^{-\frac{\pi y}{l_x}} \cdot \cos \frac{\pi x}{l_x}$
61	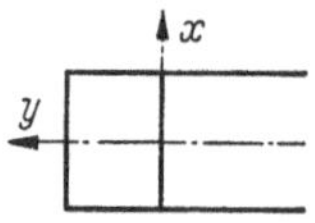	1 : 0,75	1 : ∞	−0,0284	−0,0648	$w = -1{,}035 \frac{y}{l_x} e^{-\frac{\pi y}{l_x}} \cdot \cos \frac{\pi x}{l_x}$
62	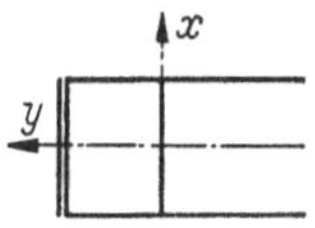	1 : 0,75	1 : ∞	−0,0209	−0,0675	$w = -1{,}078 \frac{y}{l_x} e^{-\frac{\pi y}{l_x}} \cdot \cos \frac{\pi x}{l_x}$
63	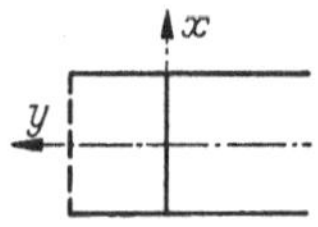	1 : 0,75	1 : ∞	−0,0539	−0,0604	$w = -0{,}968 \frac{y}{l_x} e^{-\frac{\pi y}{l_x}} \cdot \cos \frac{\pi x}{l_x}$
64	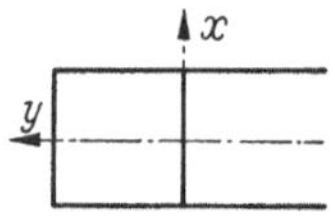	1 : 1	1 : ∞	−0,0415	−0,0632	$w = -1{,}010 \frac{y}{l_x} e^{-\frac{\pi y}{l_x}} \cdot \cos \frac{\pi x}{l_x}$
65	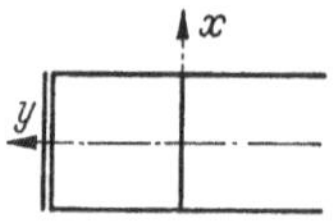	1 : 1	1 : ∞	−0,0339	−0,0643	$w = -1{,}028 \frac{y}{l_x} e^{-\frac{\pi y}{l_x}} \cdot \cos \frac{\pi x}{l_x}$
66	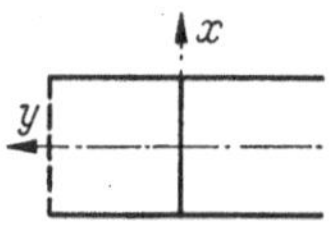	1 : 1	1 : ∞	−0,0595	−0,0618	$w = -0{,}989 \frac{y}{l_x} e^{-\frac{\pi y}{l_x}} \cdot \cos \frac{\pi x}{l_x}$
67	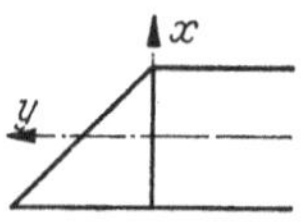	1 : 1	1 : ∞	≈ −0,013	≈ −0,070	$w \approx -1{,}115 \frac{y}{l_x} e^{-\frac{\pi y}{l_x}} \cdot \cos \frac{\pi x}{l_x}$

Tafel	Plattenfeld, Querträger elastisch	$\frac{K \cdot l_x^*}{E \cdot J_{Qu.\text{-}Tr.}}$	Flächenlast Faktor: $q \cdot l_x^2$ für eine Seite	Gleichung für den nicht dargestellten Bereich
Einflußfeld für die Mitte über dem Querträger				
68	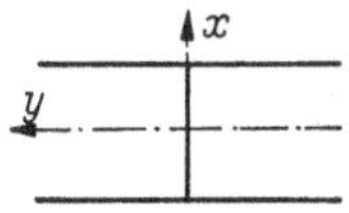	0,1	−0,0571	$w = -\left(0{,}943\,\frac{y}{l_x} - 0{,}018\right) \cdot e^{-\frac{\pi y}{l_x}} \cos\frac{\pi x}{l_x}$
69	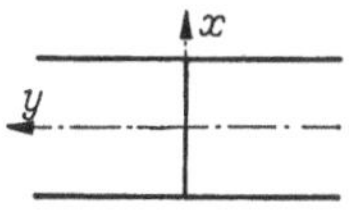	0,25	−0,0509	$w = -\left(0{,}879\,\frac{y}{l_x} - 0{,}039\right) \cdot e^{-\frac{\pi y}{l_x}} \cos\frac{\pi x}{l_x}$
70	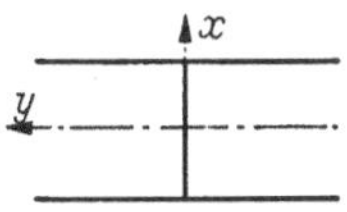	0,5	−0,0439	$w = -\left(0{,}805\,\frac{y}{l_x} - 0{,}062\right) \cdot e^{-\frac{\pi y}{l_x}} \cos\frac{\pi x}{l_x}$
71	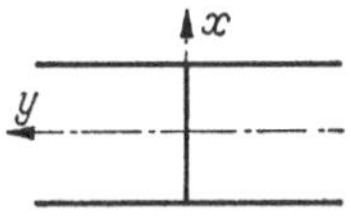	1,0	−0,0359	$w = -\left(0{,}720\,\frac{y}{l_x} - 0{,}089\right) \cdot e^{-\frac{\pi y}{l_x}} \cos\frac{\pi x}{l_x}$
Einflußfeld für den Viertelspunkt über dem Querträger				
72	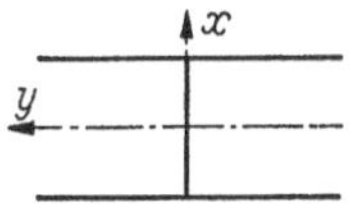	0,1	−0,0430	$w = -\frac{1}{\sqrt{2}}\left(0{,}943\,\frac{y}{l_x} - 0{,}018\right) \cdot e^{-\frac{\pi y}{l_x}} \cos\frac{\pi x}{lx}$
73	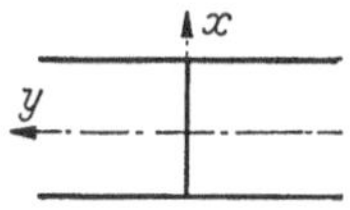	0,25	−0,0384	$w = -\frac{1}{\sqrt{2}}\left(0{,}879\,\frac{y}{l_x} - 0{,}039\right) \cdot e^{-\frac{\pi y}{l_x}} \cos\frac{\pi x}{l_x}$
74	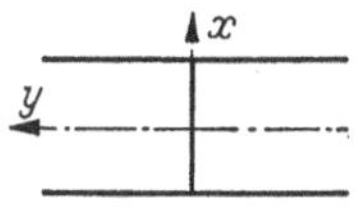	0,5	−0,0334	$w = -\frac{1}{\sqrt{2}}\left(0{,}805\,\frac{y}{l_x} - 0{,}062\right) \cdot e^{-\frac{\pi y}{l_x}} \cos\frac{\pi x}{l_x}$
75	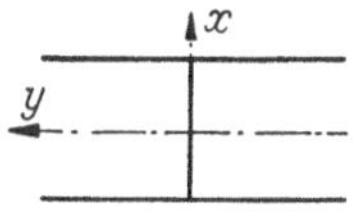	1,0	−0,0274	$w = -\frac{1}{\sqrt{2}}\left(0{,}720\,\frac{y}{l_x} - 0{,}089\right) \cdot e^{-\frac{\pi y}{l_x}} \cos\frac{\pi x}{l_x}$

* K = Plattensteifigkeit, $E \cdot J_{Qu.\text{-}Tr.}$ = Biegesteifigkeit der Zwischenstütze.

Tafeln 1–75

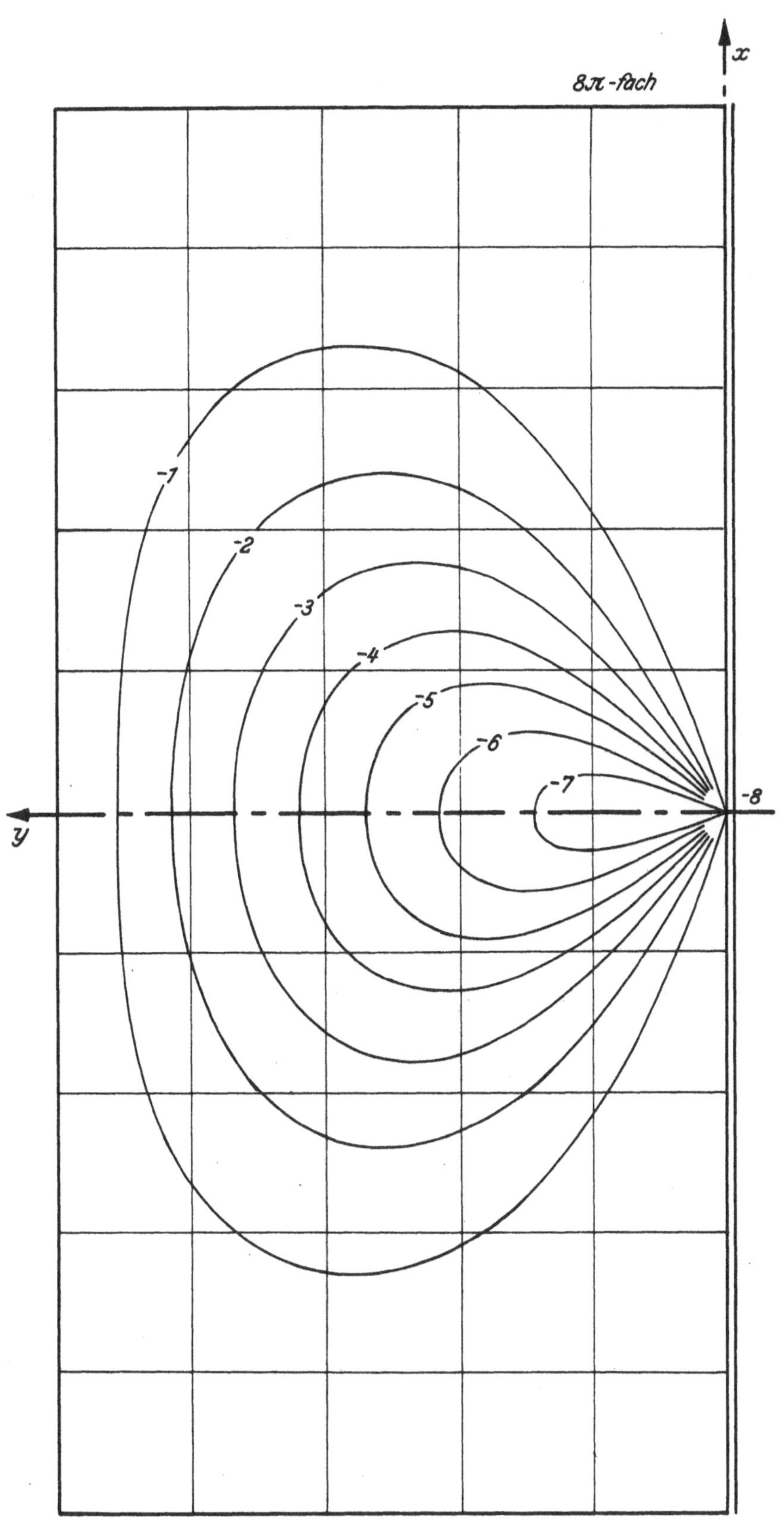

m_y-Stützmoment-Einflußfeld für die Seitenmitte einer Rechteckplatte mit einem eingespannten Rand ($l_x/l_y = 1/0,5$)

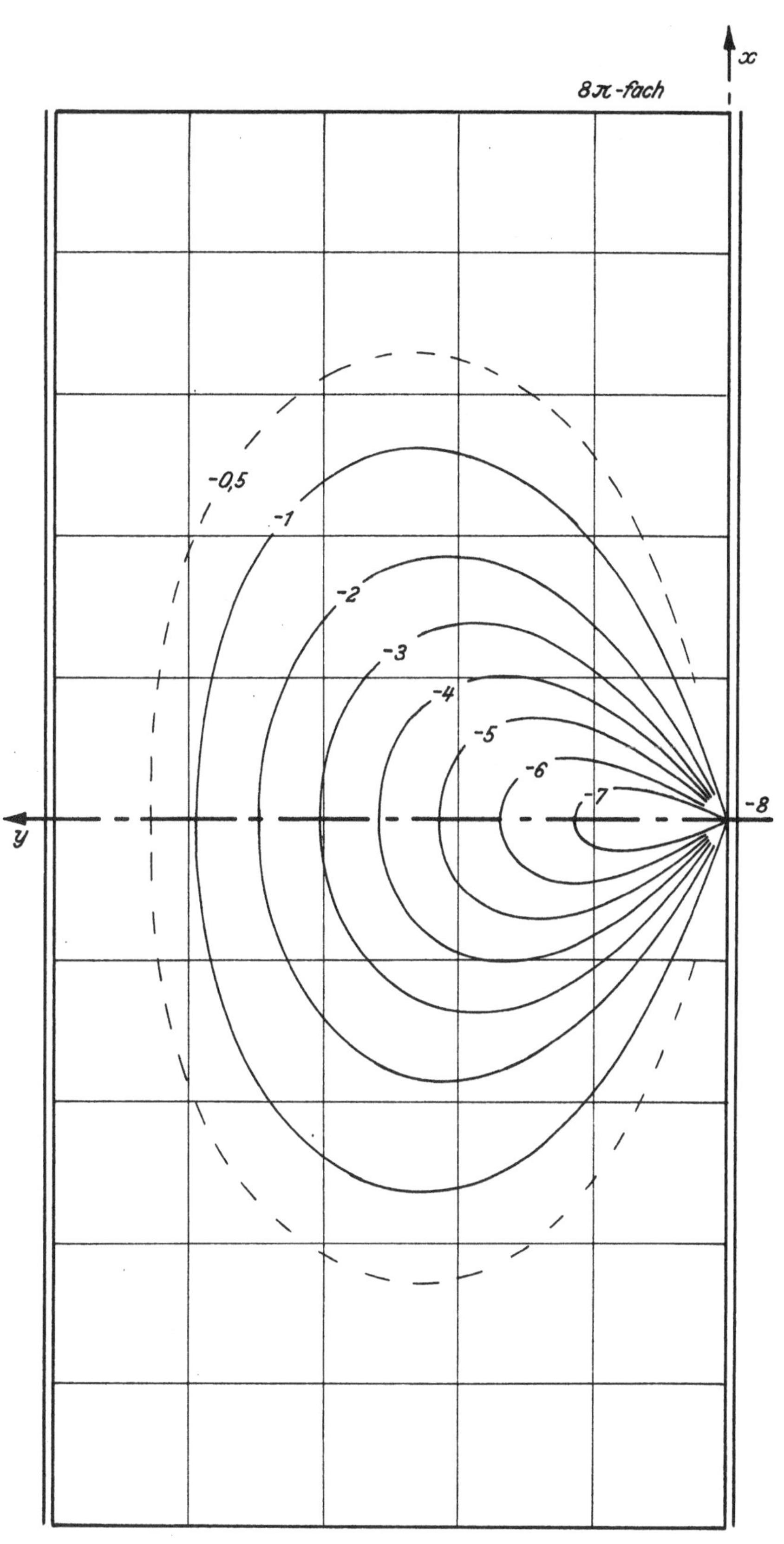

m_y-Stützmoment-Einflußfeld für die Seitenmitte einer Rechteckplatte mit zwei eingespannten Rändern ($l_x/l_y = 1/0,5$)

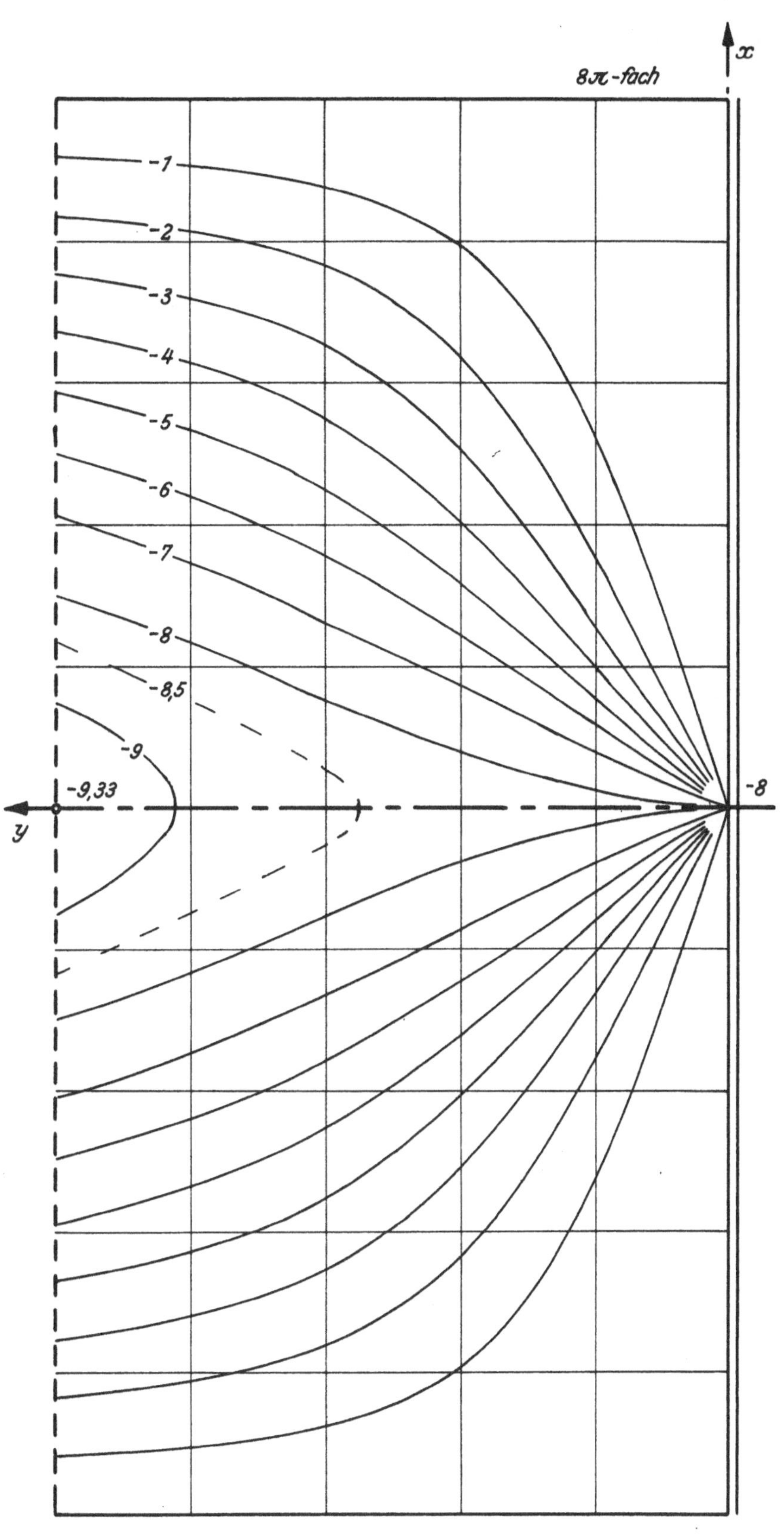

m_y-Stützmoment-Einflußfeld für die Seitenmitte einer Rechteckplatte mit einem eingespannten und einem freien Rand (l_x/l_y = 1/0,5)

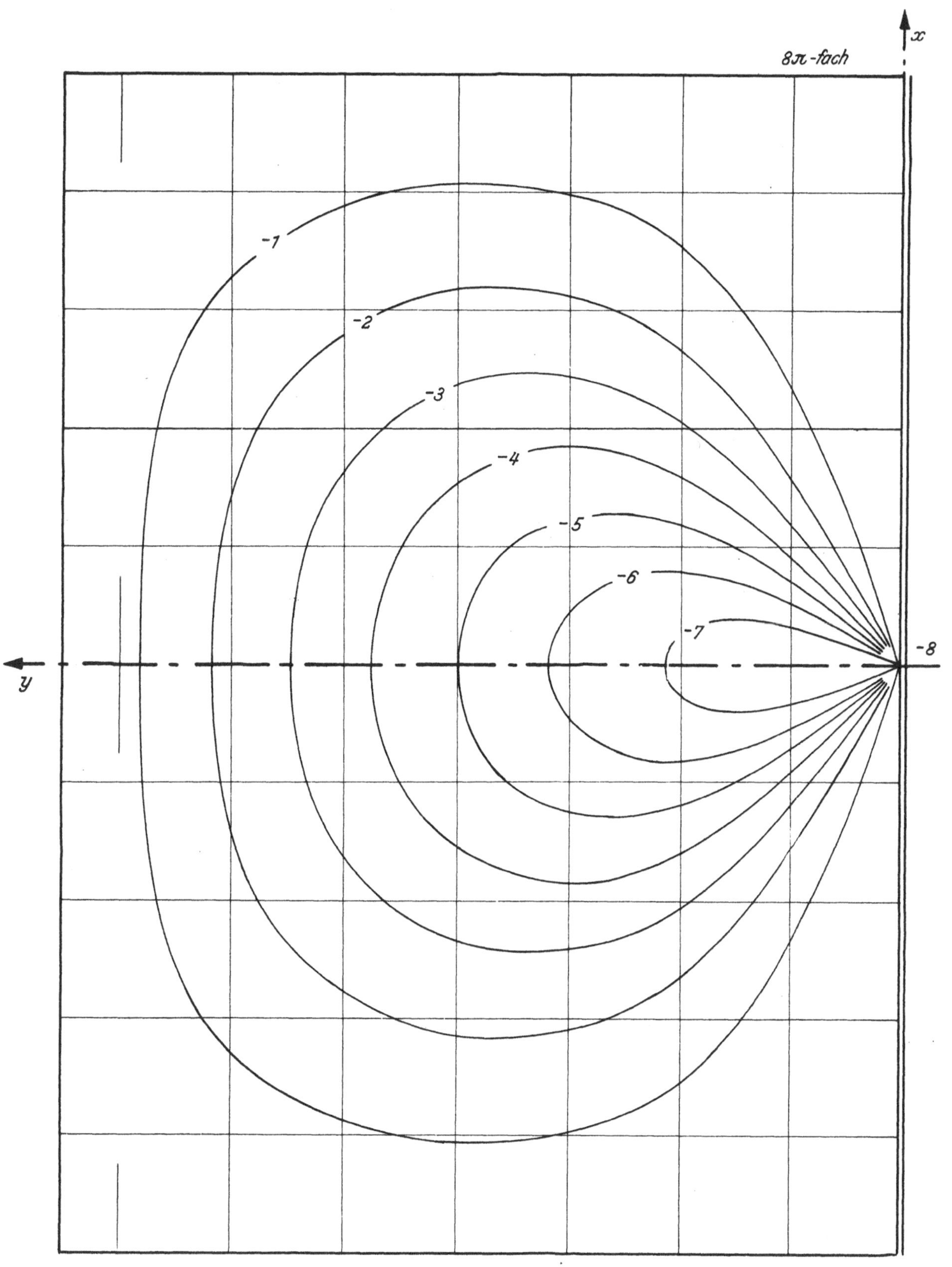

m_y-Stützmoment-Einflußfeld für die Seitenmitte einer Rechteckplatte mit einem eingespannten Rand ($l_x/l_y = 1/0{,}75$)

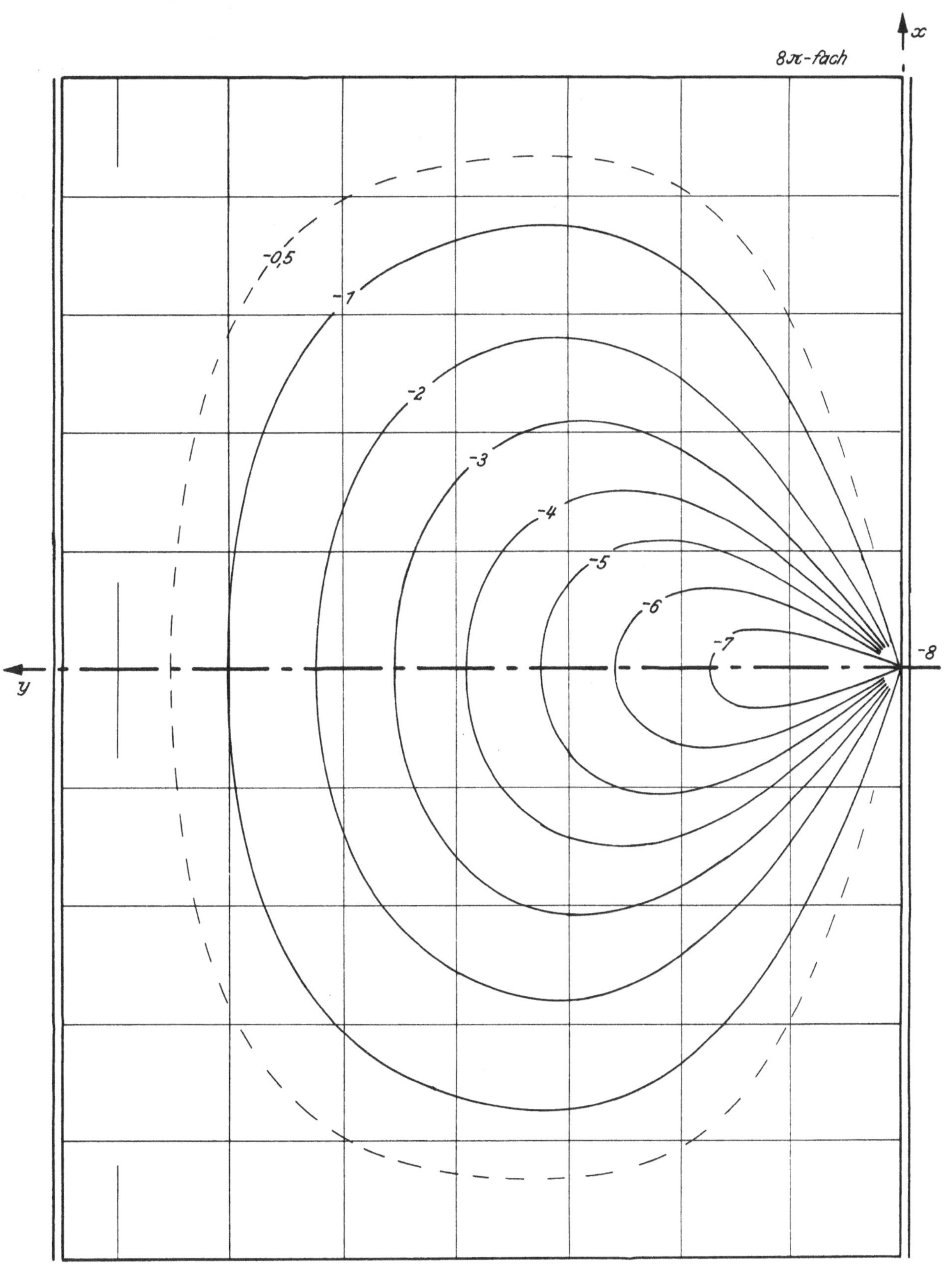

m_y-Stützmoment-Einflußfeld für die Seitenmitte einer Rechteckplatte mit zwei eingespannten Rändern ($l_x/l_y = 1/0{,}75$)

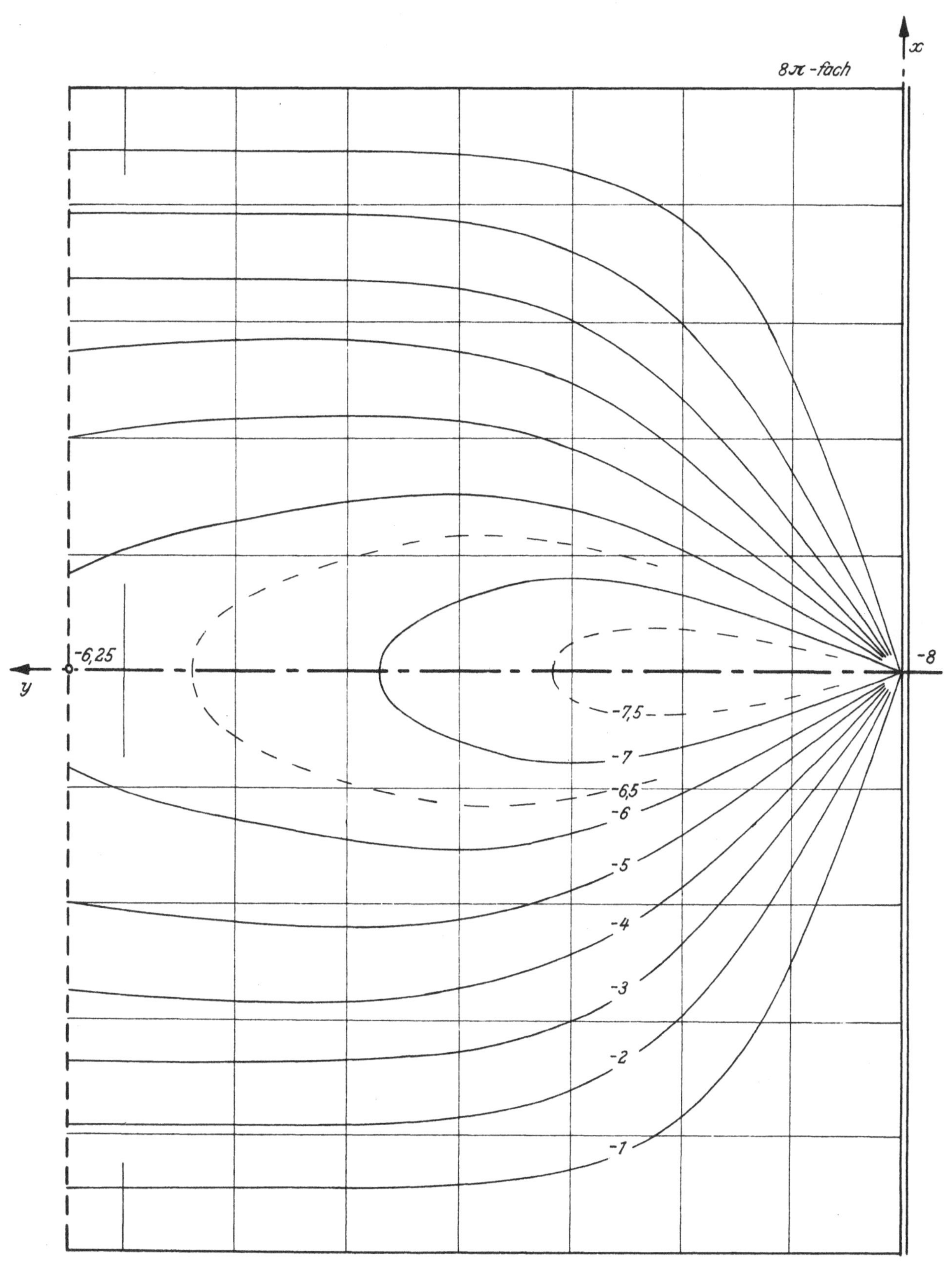

m_y-Stützmoment-Einflußfeld für die Seitenmitte einer Rechteckplatte mit einem eingespannten und einem freien Rand ($l_x/l_y = 1/0{,}75$)

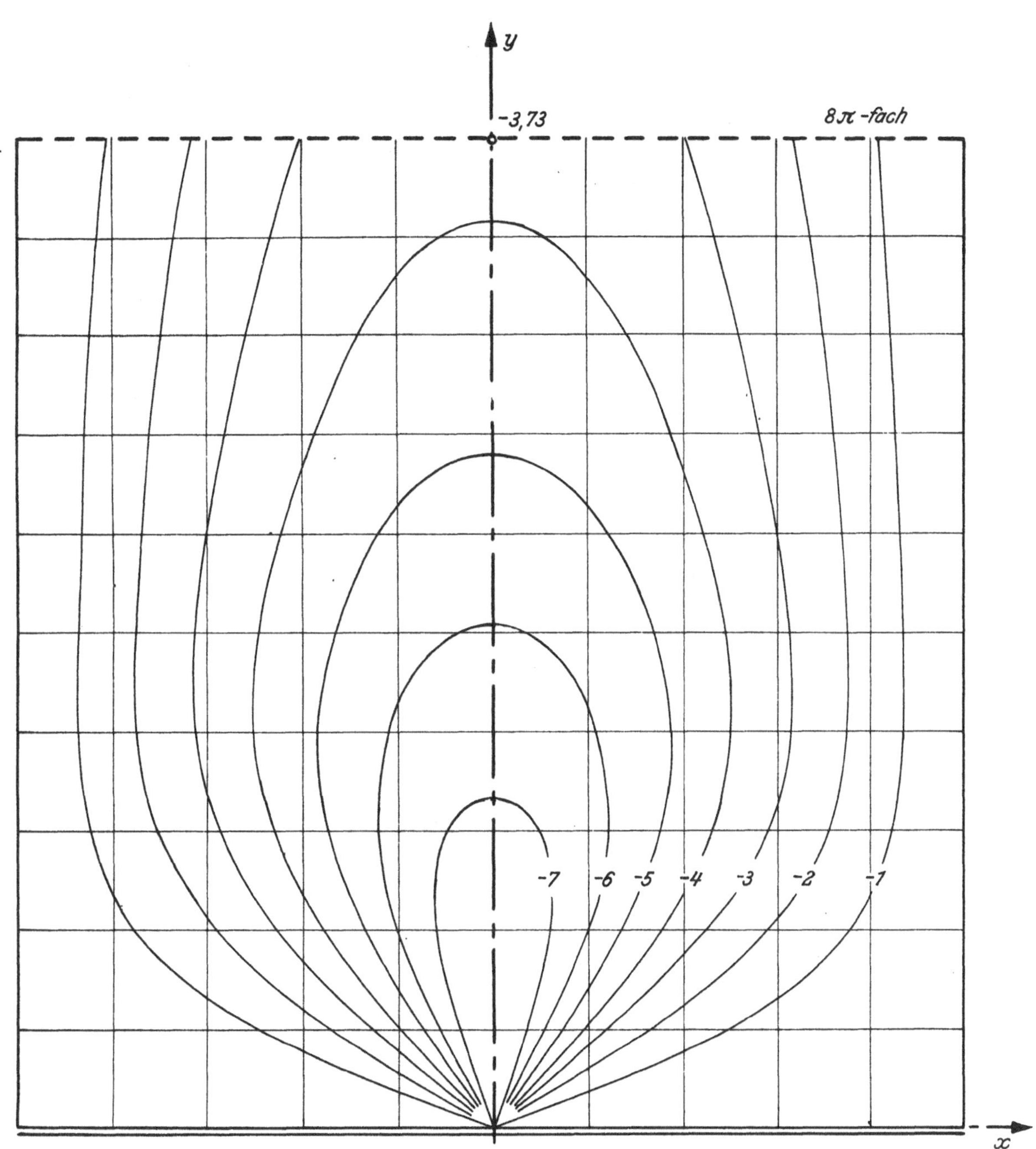

m_y-Stützmoment-Einflußfeld für die Seitenmitte einer Rechteckplatte mit einem eingespannten und einem freien Rand ($l_x/l_y = 1/1$)

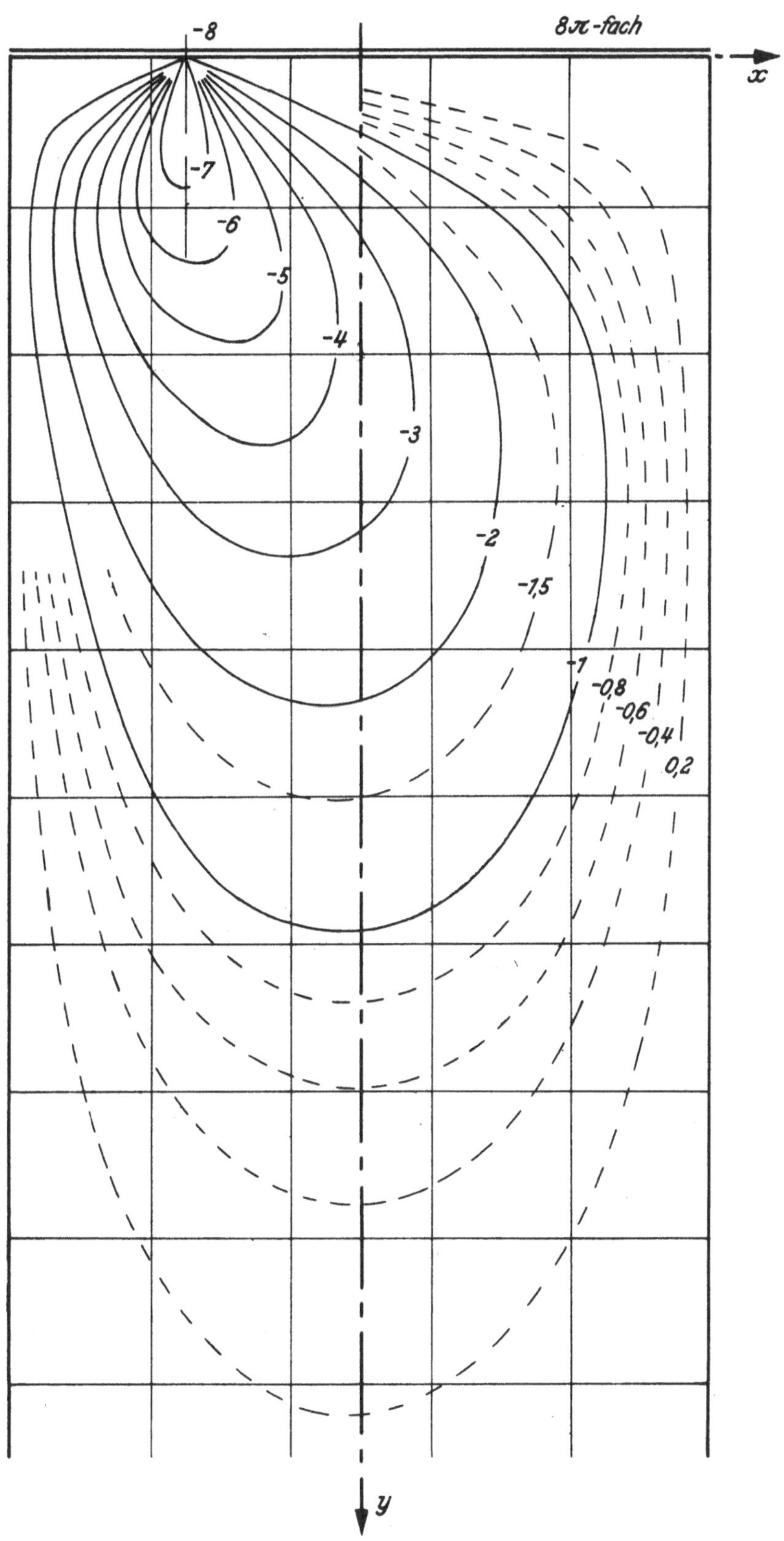

m_y-Stützmoment-Einflußfeld für den Viertelspunkt des eingespannten Querrandes eines Plattenhalbstreifens ($l_x/l_y = 1/\infty$)

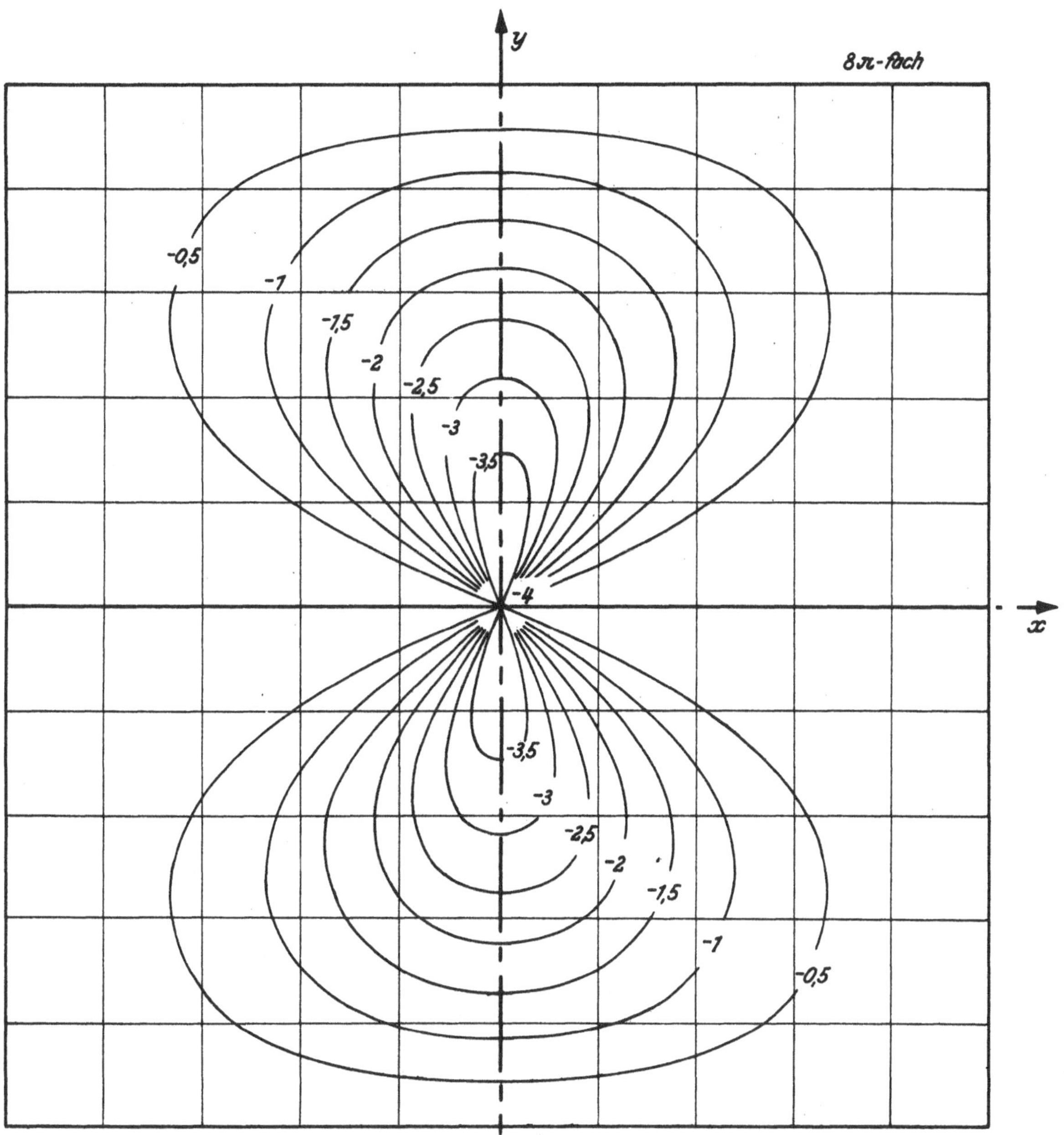

m_y-Stützmoment-Einflußfeld für die Mitte über der starren Zwischenstütze einer durchlaufenden Platte mit zwei frei drehbar gelagerten Gegenrändern ($l_x/l_y = 1/0,5$)

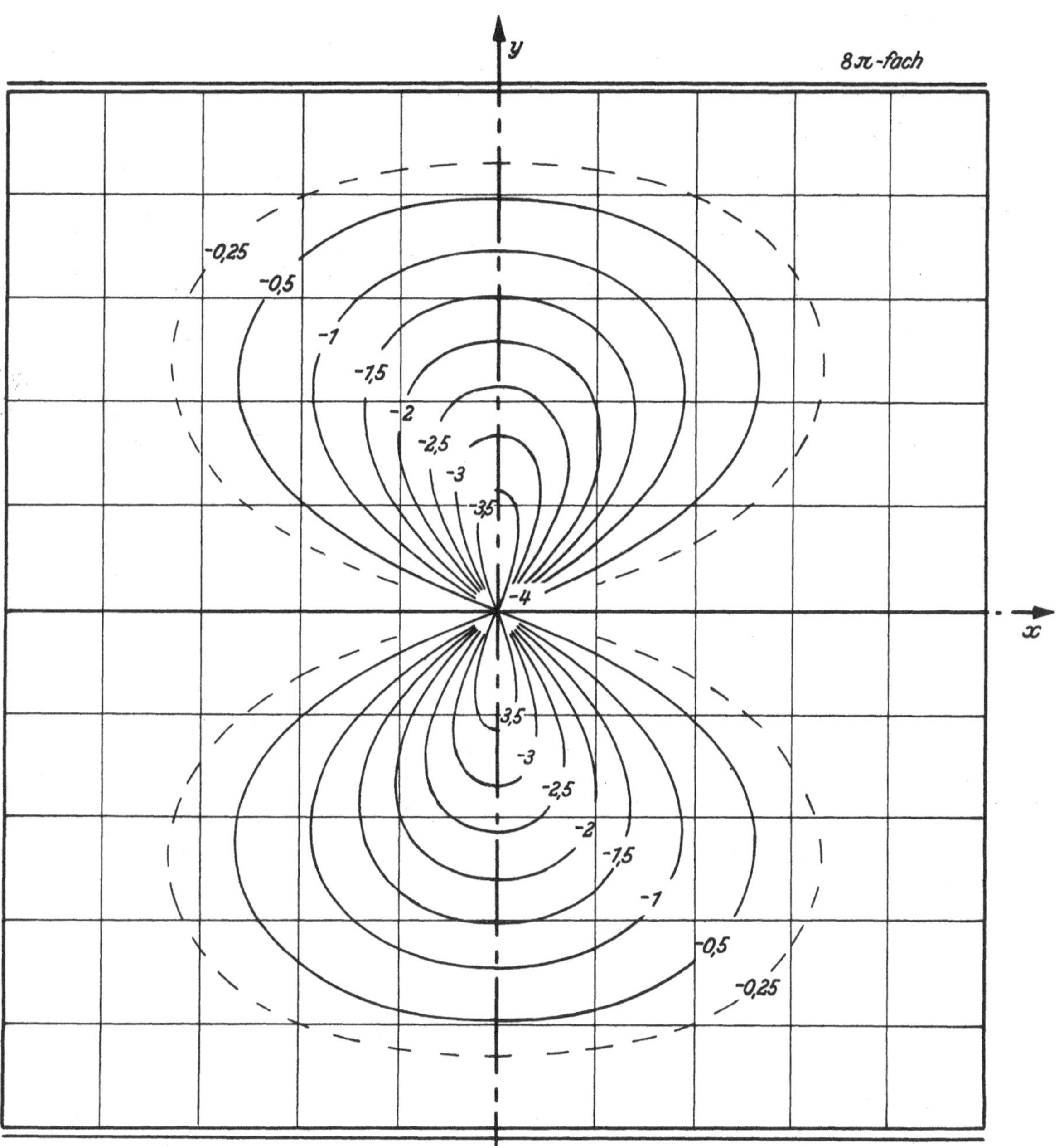

m_y-Stützmoment-Einflußfeld für die Mitte über der starren Zwischenstütze einer durchlaufenden Platte mit zwei eingespannten Gegenrändern ($l_x/l_y = 1/0{,}5$)

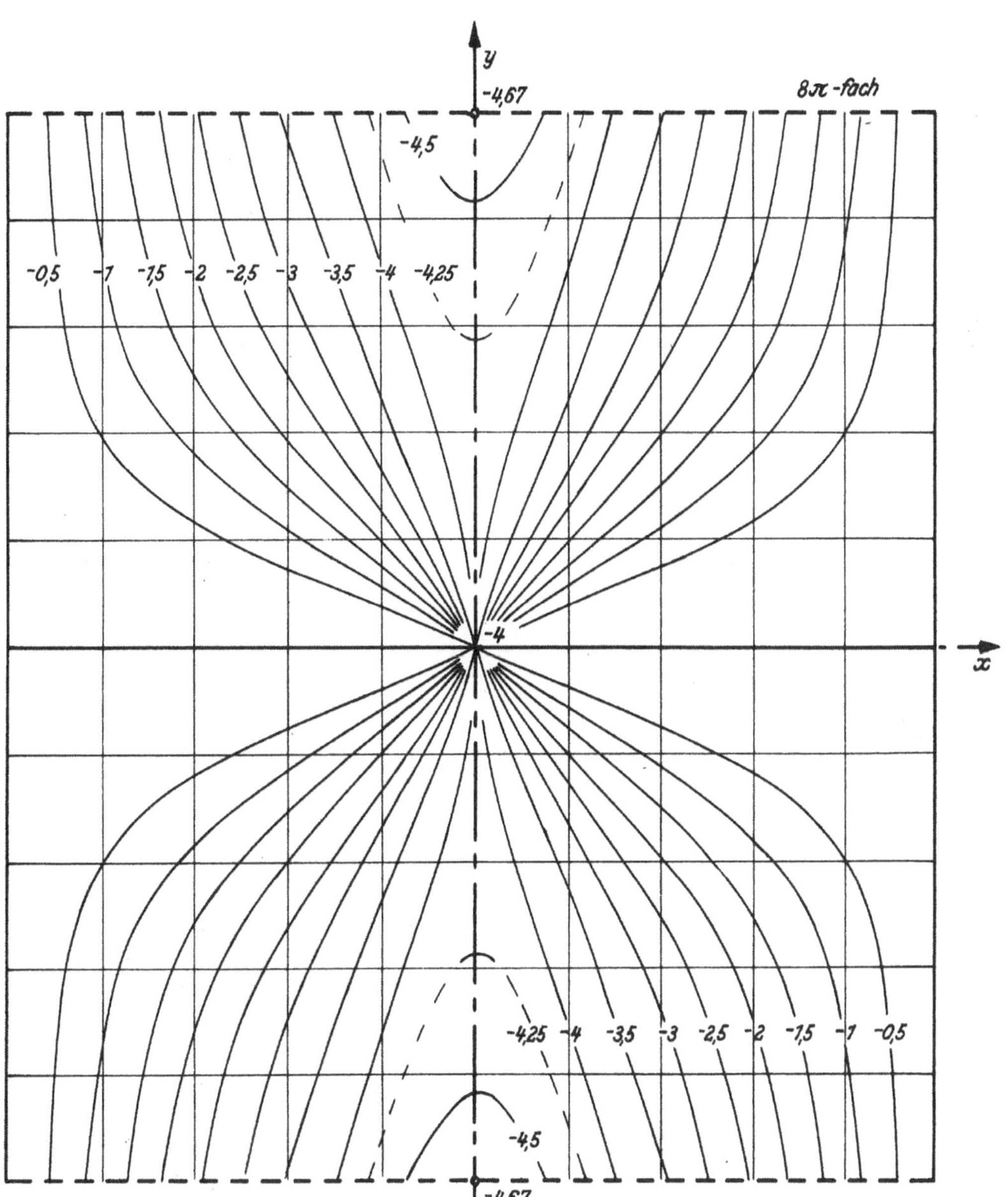

m_y-Stützmoment-Einflußfeld für die Mitte über der starren Zwischenstütze einer durchlaufenden Platte mit zwei freien Gegenrändern ($l_x/l_y = 1/0,5$)

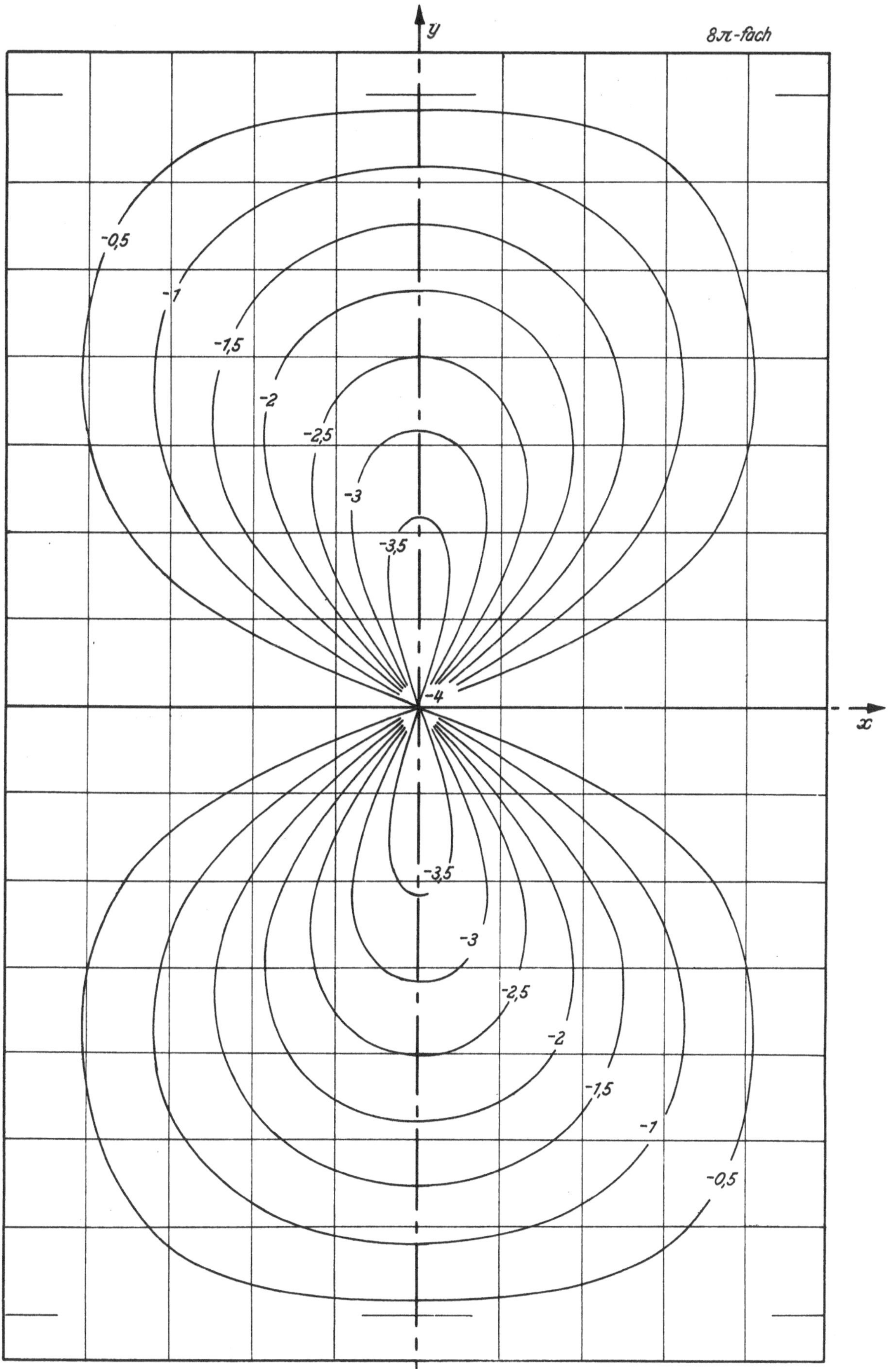

m_y-Stützmoment-Einflußfeld für die Mitte über der starren Zwischenstütze einer durchlaufenden Platte mit zwei frei drehbar gelagerten Gegenrändern ($l_x/l_y = 1/0{,}75$)

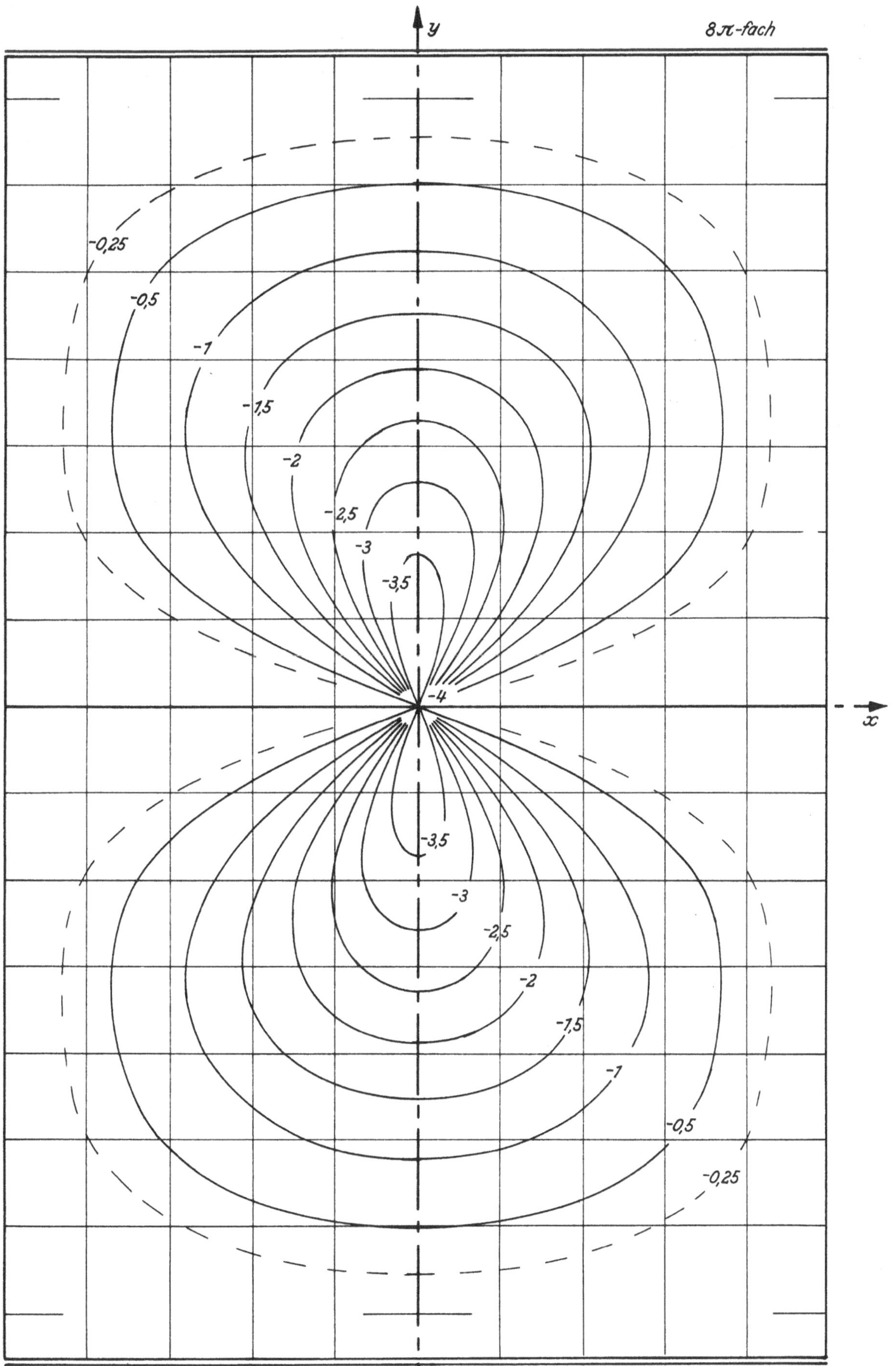

m_y-Stützmoment-Einflußfeld für die Mitte über der starren Zwischenstütze einer durchlaufenden Platte mit zwei eingespannten Gegenrändern ($l_x/l_y = 1/0{,}75$)

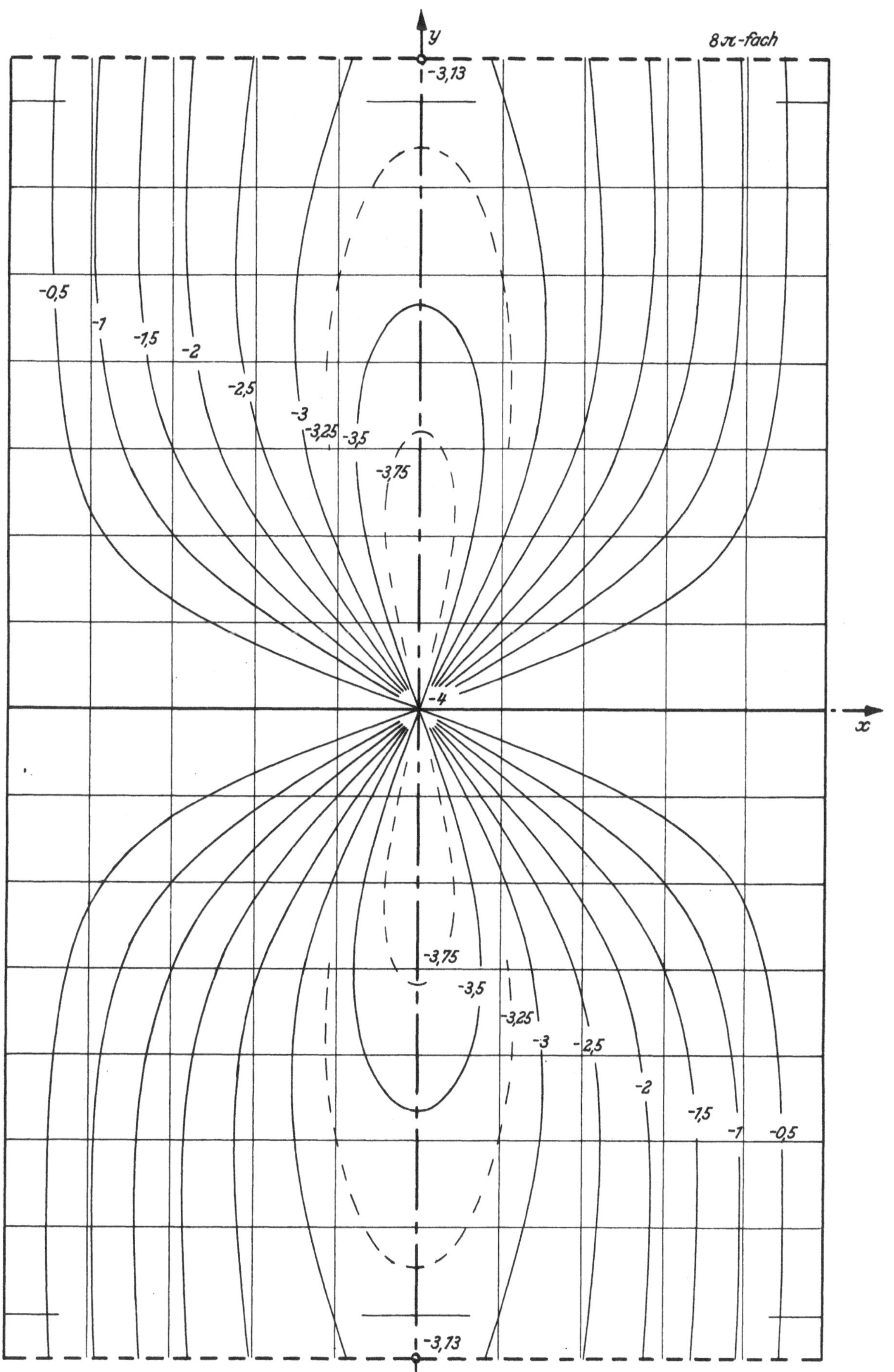

m_y-Stützmoment-Einflußfeld für die Mitte über der starren Zwischenstütze einer durchlaufenden Platte mit zwei freien Gegenrändern ($l_x/l_y = 1/0{,}75$)

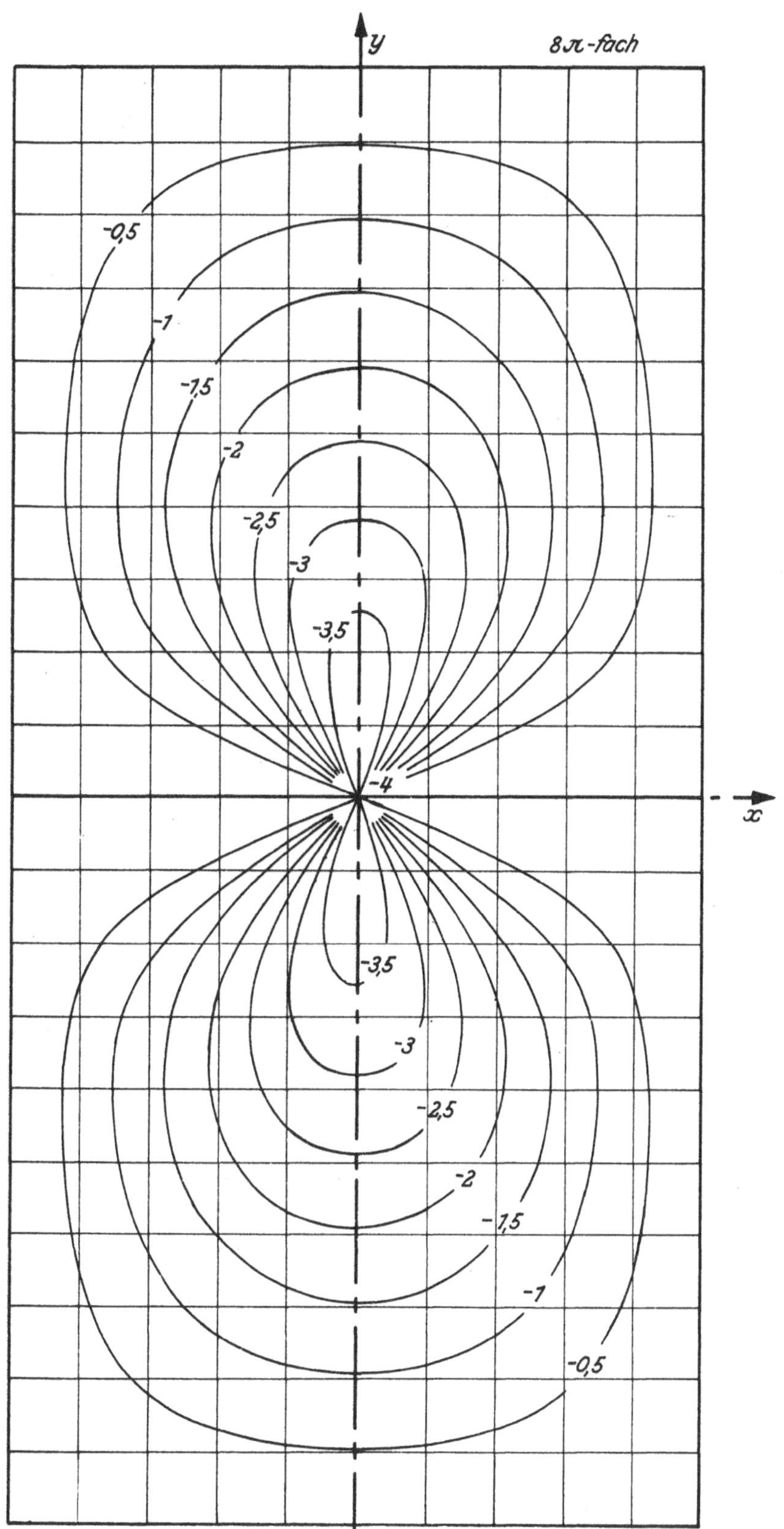

m_y-Stützmoment-Einflußfeld für die Mitte über der starren Zwischenstütze einer durchlaufenden Platte mit zwei frei drehbar gelagerten Gegenrändern ($l_x/l_y = 1/1$)

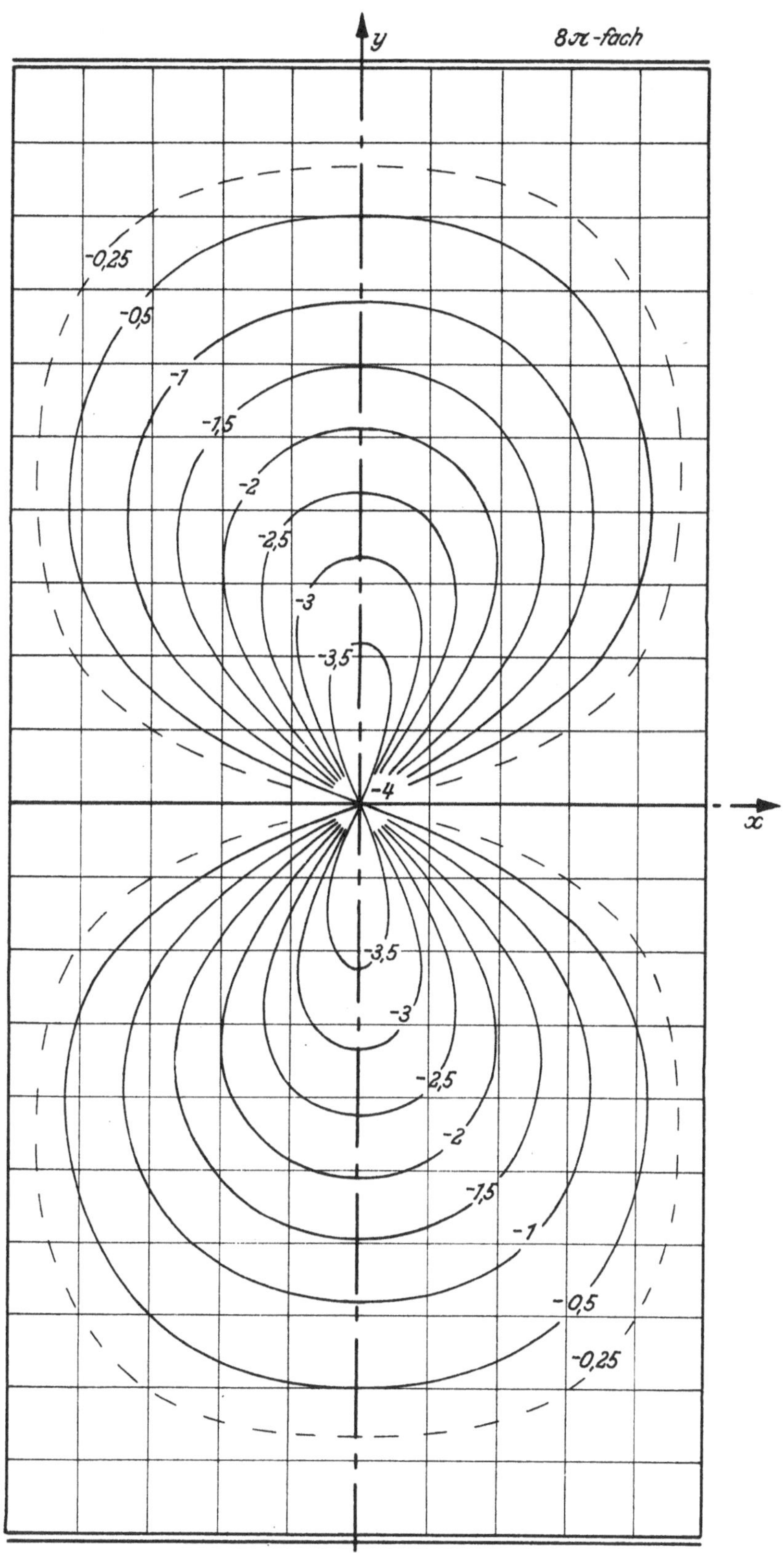

m_y-Stützmoment-Einflußfeld für die Mitte über der starren Zwischenstütze einer durchlaufenden Platte mit zwei eingespannten Gegenrändern ($l_x/l_y = 1/1$)

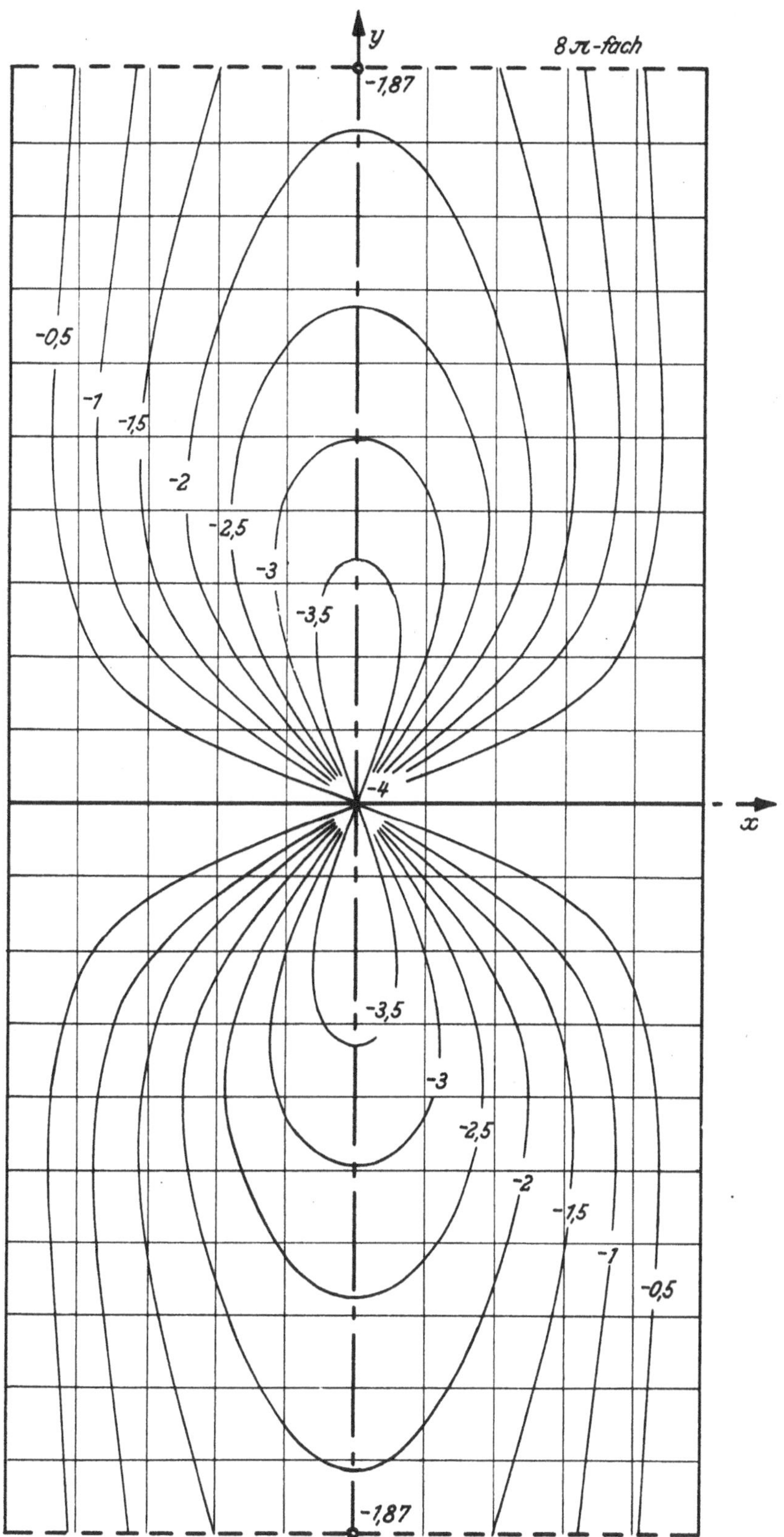

m_y-Stützmoment-Einflußfeld für die Mitte über der starren Zwischenstütze einer durchlaufenden Platte mit zwei freien Gegenrändern ($l_x/l_y = 1/1$)

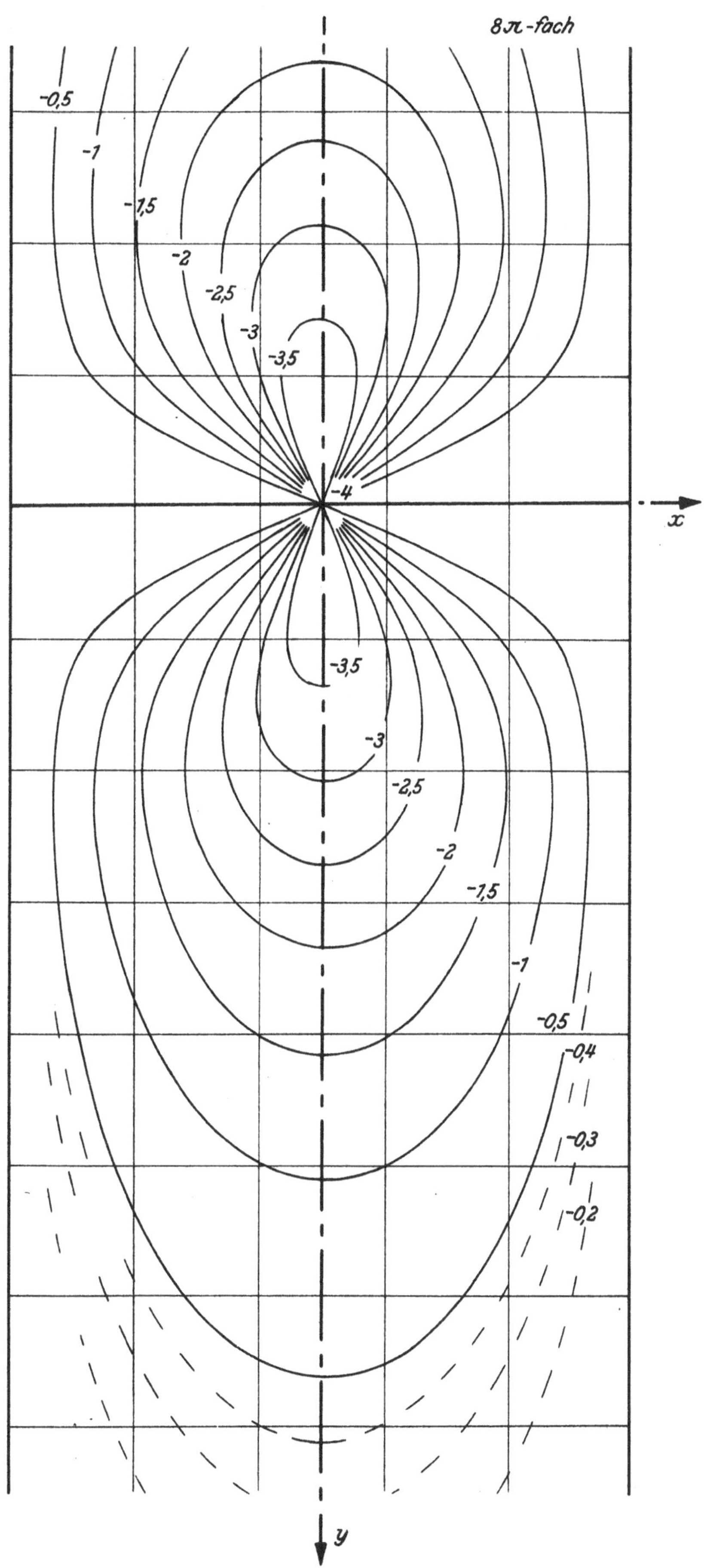

m_y-Stützmoment-Einflußfeld für die Mitte über der starren Zwischenstütze einer durchlaufenden Platte ($l_x/l_y = 1/\infty$)

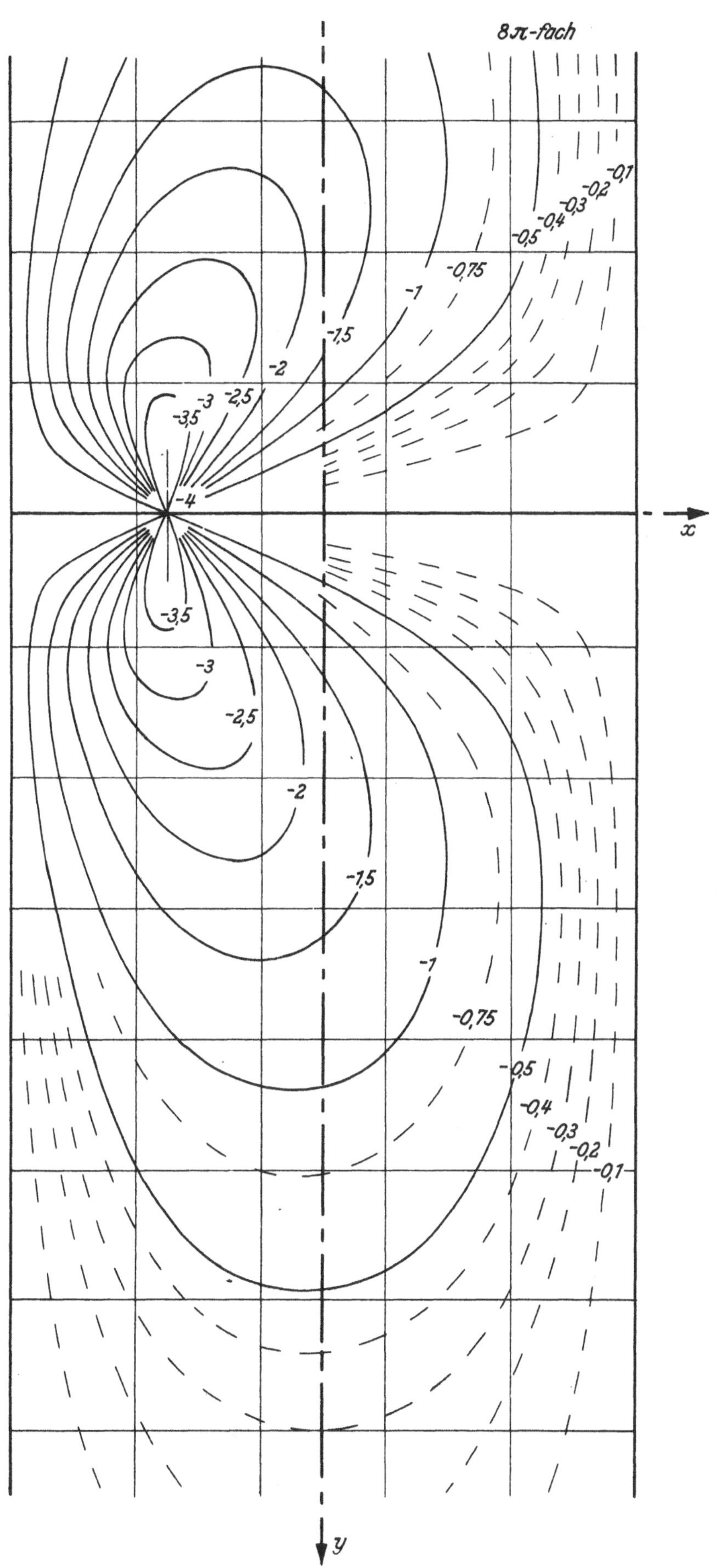

m_y-Stützmoment-Einflußfeld für den Viertelspunkt über der starren Zwischenstütze einer durchlaufenden Platte ($l_x/l_y = 1/\infty$)

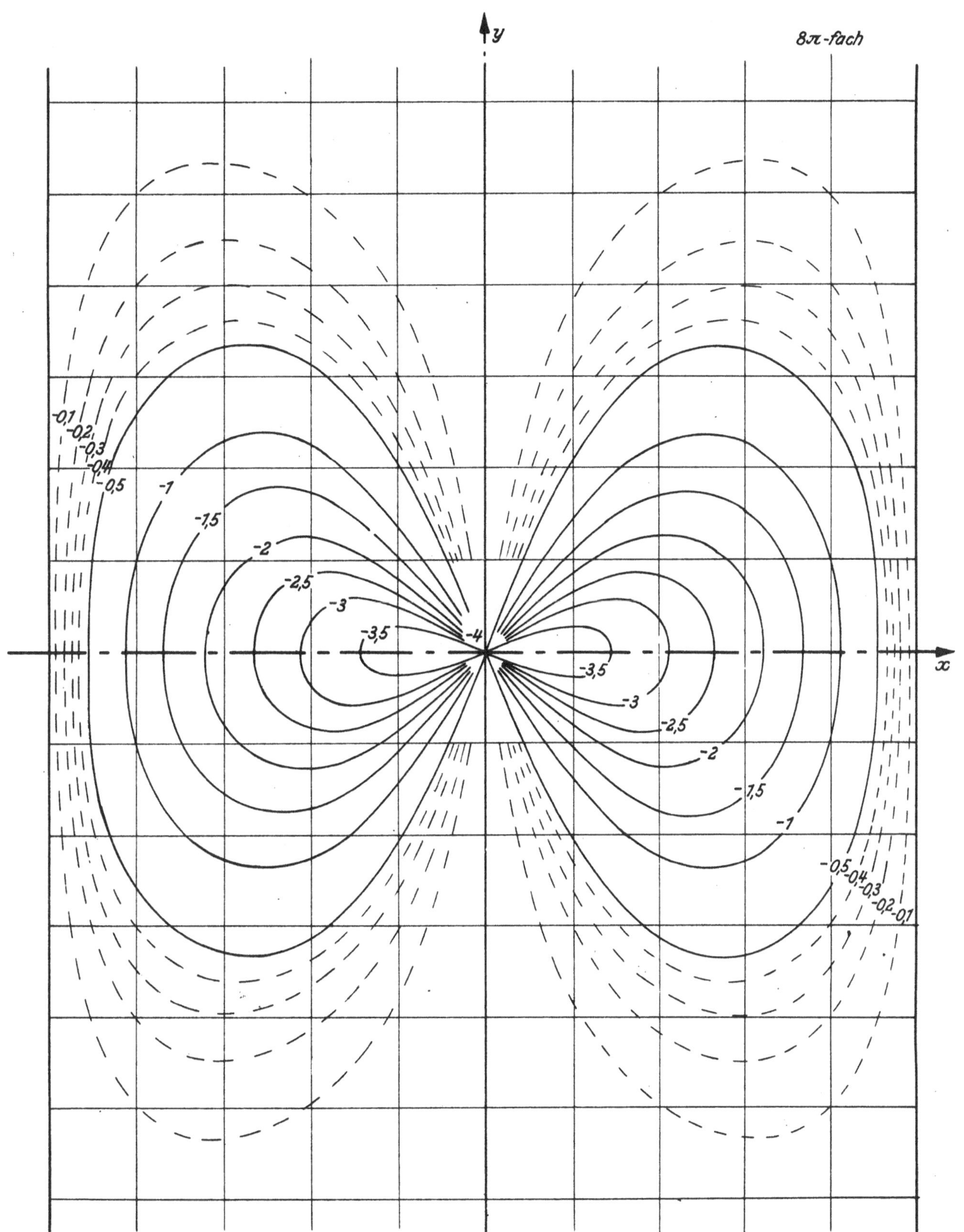

m_x-Stützmoment-Einflußfeld für die Zwischenstütze eines durchlaufenden Plattenstreifens mit zwei frei drehbar gelagerten Längsrändern ($l_x/l_y = 1/\infty$)

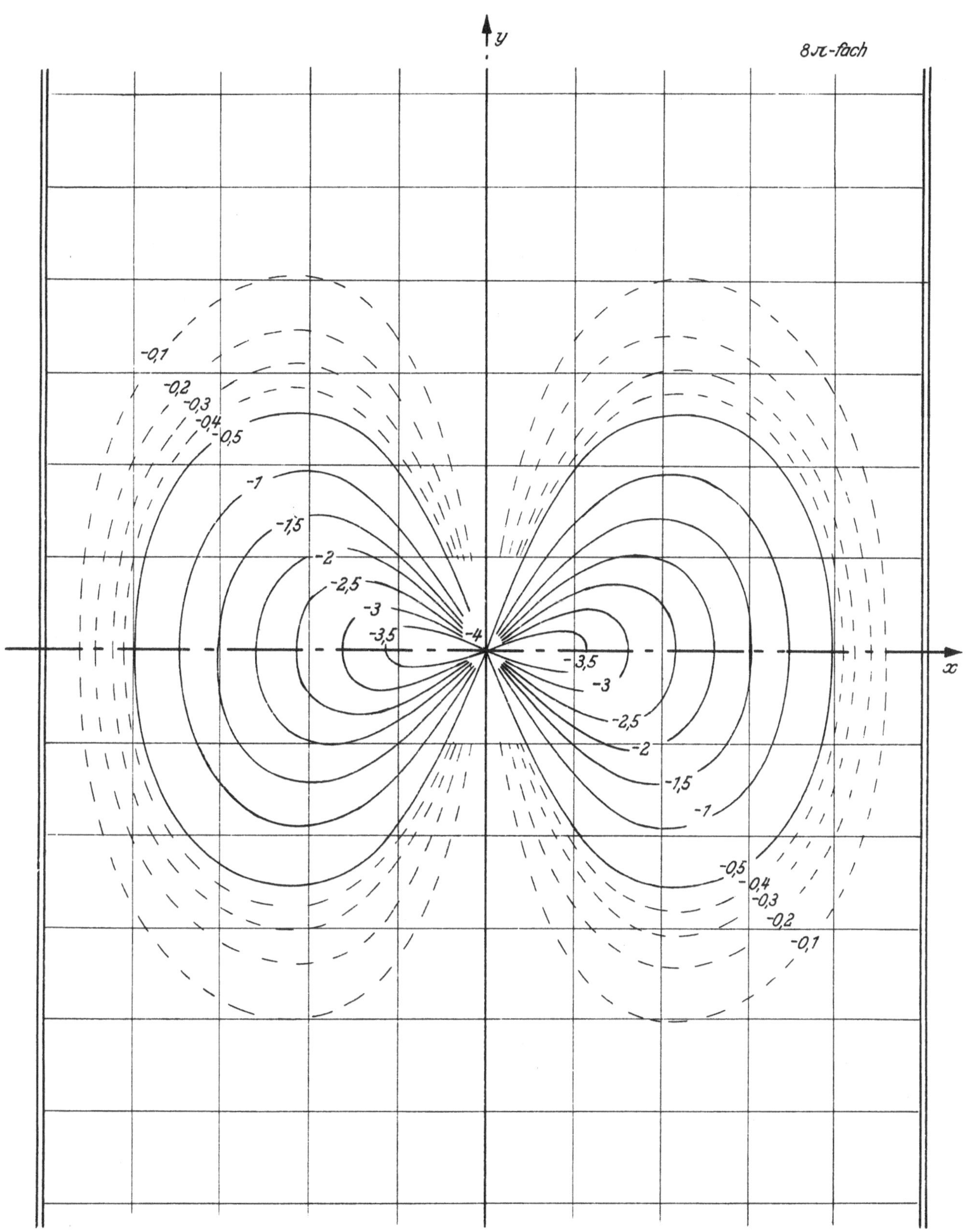

m_x-Stützmoment-Einflußfeld für die Zwischenstütze eines durchlaufenden Plattenstreifens mit zwei eingespannten Längsrändern ($l_x/l_y = 1/\infty$)

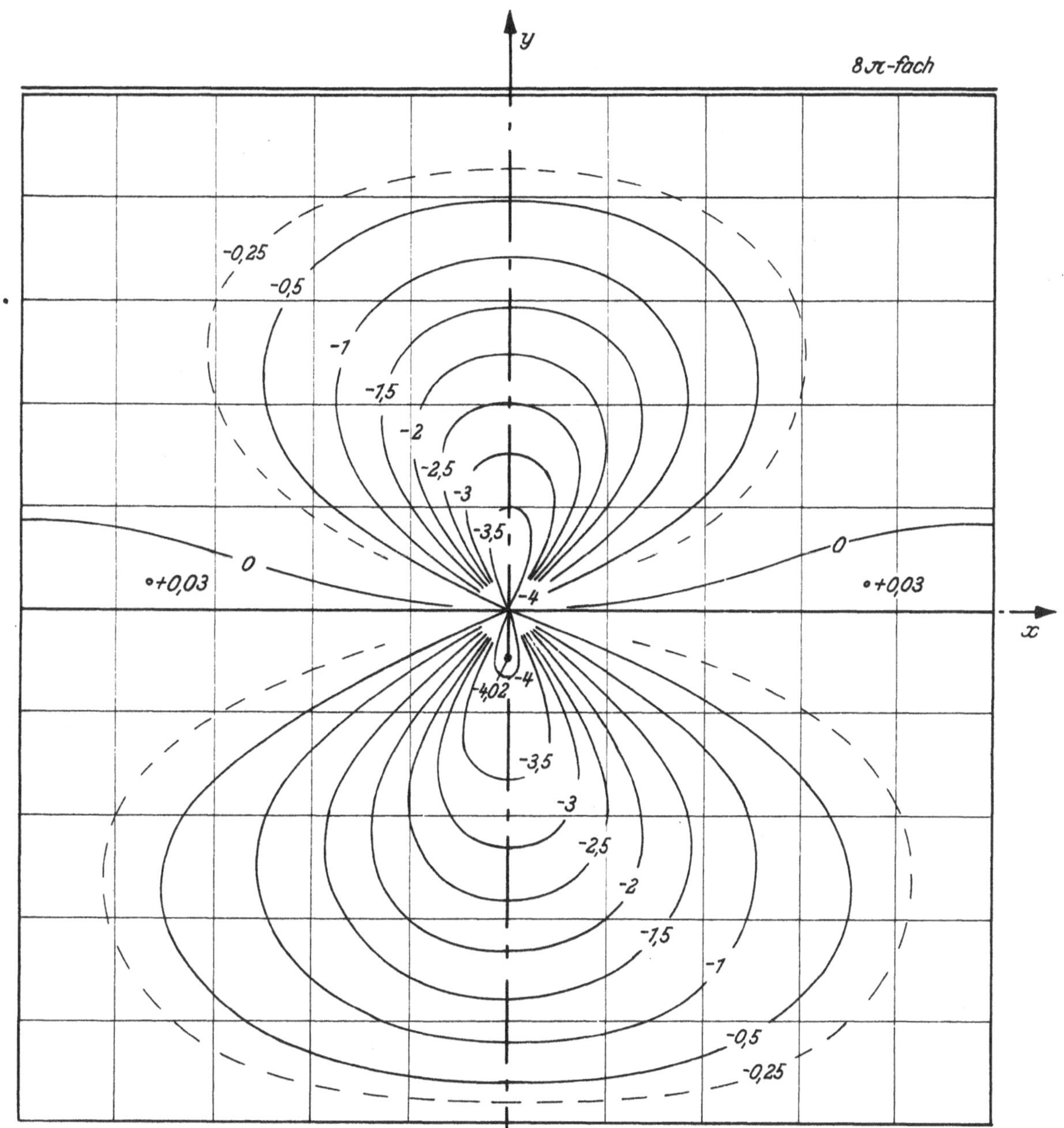

m_y-Stützmoment-Einflußfeld für die Mitte über der starren Zwischenstütze einer durchlaufenden Platte mit einem eingespannten und einem frei drehbar gelagerten Gegenrand $(l_x/l_y = 1/0{,}5)$

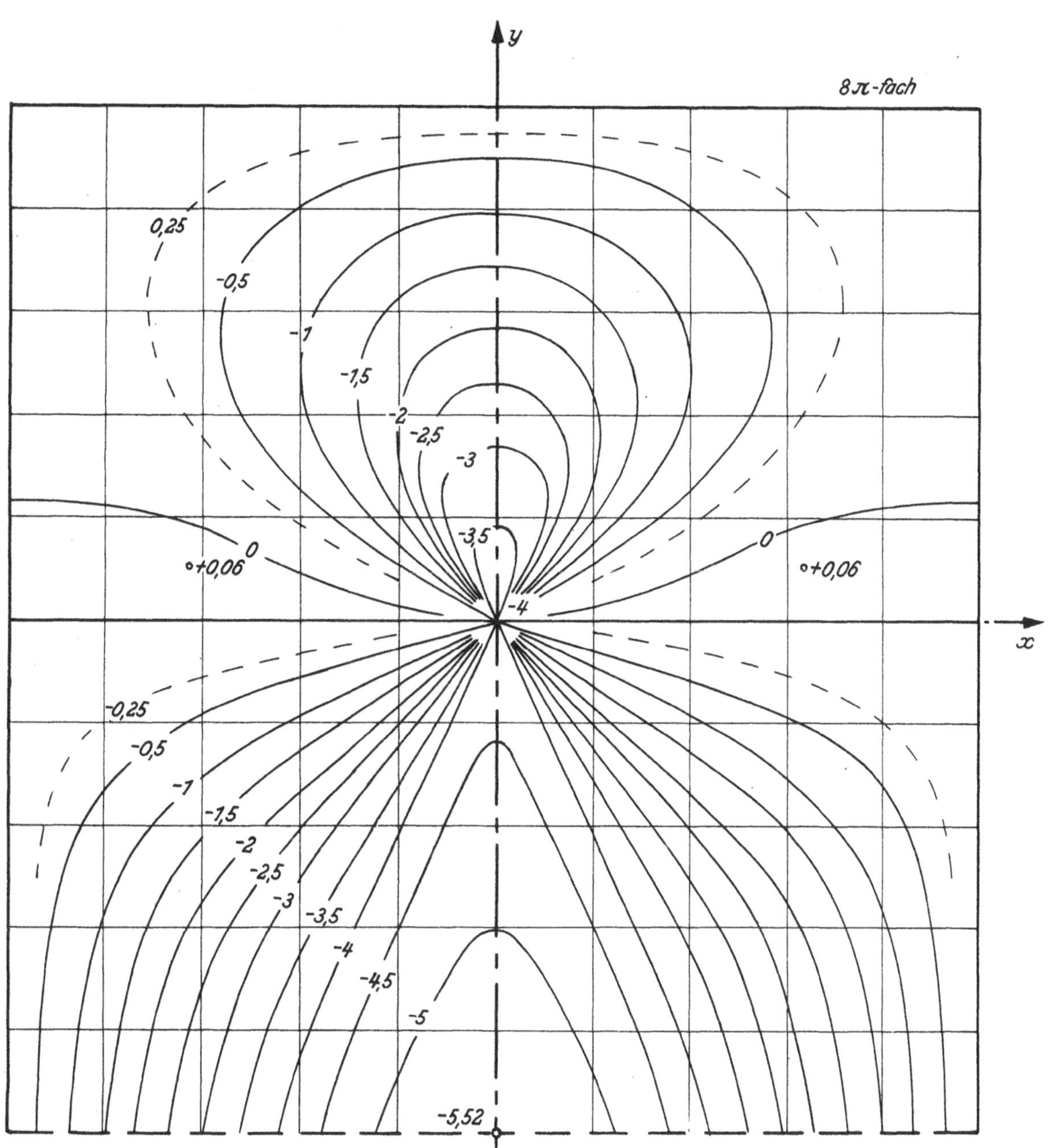

m_y-Stützmoment-Einflußfeld für die Mitte über der starren Zwischenstütze einer durchlaufenden Platte mit einem frei drehbar gelagerten und einem freien Gegenrand ($l_x/l_y = 1/0{,}5$)

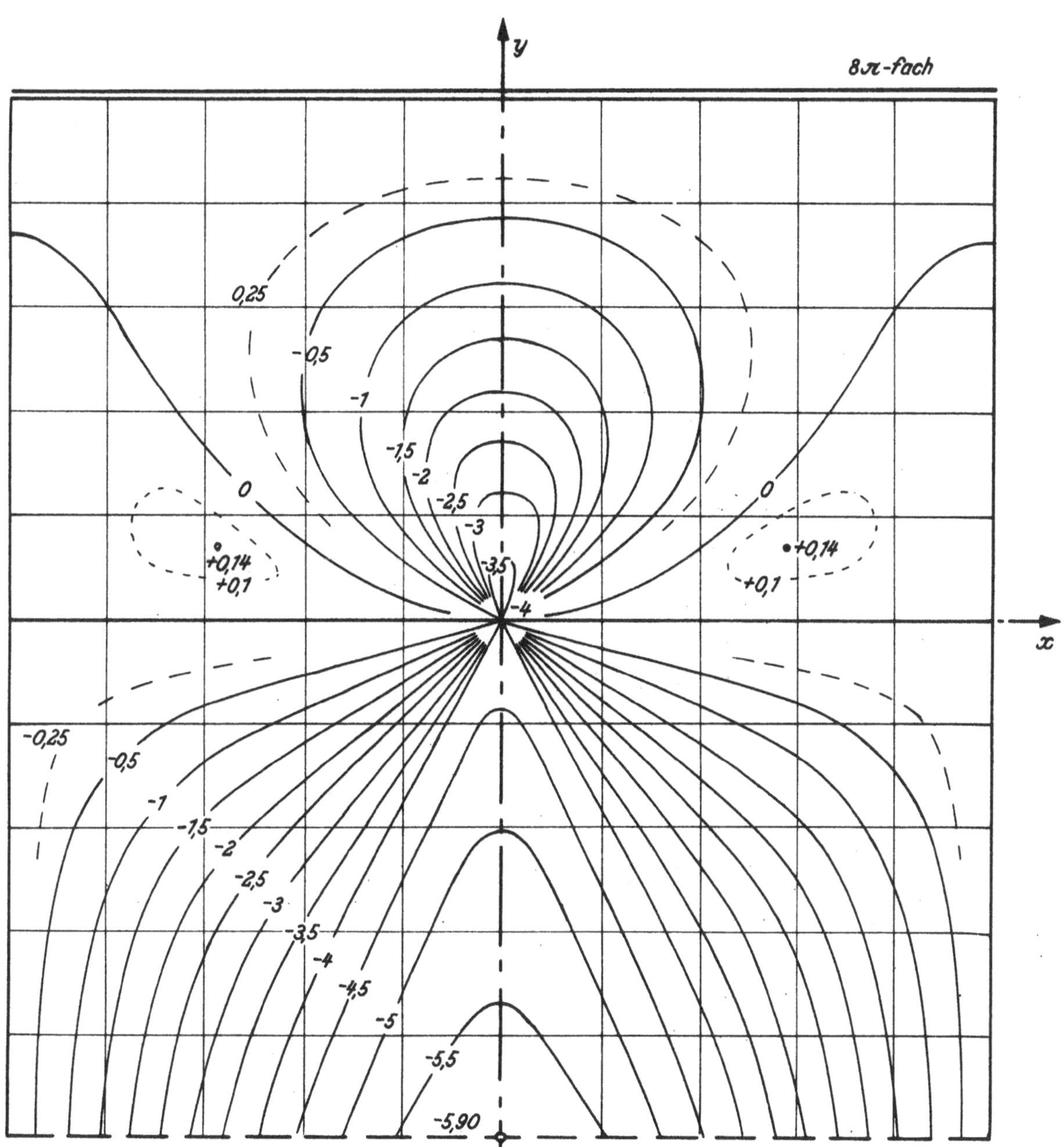

m_y-Stützmoment-Einflußfeld für die Mitte über der starren Zwischenstütze einer durchlaufenden Platte mit einem eingespannten und einem freien Gegenrand ($l_x/l_y = 1/0,5$)

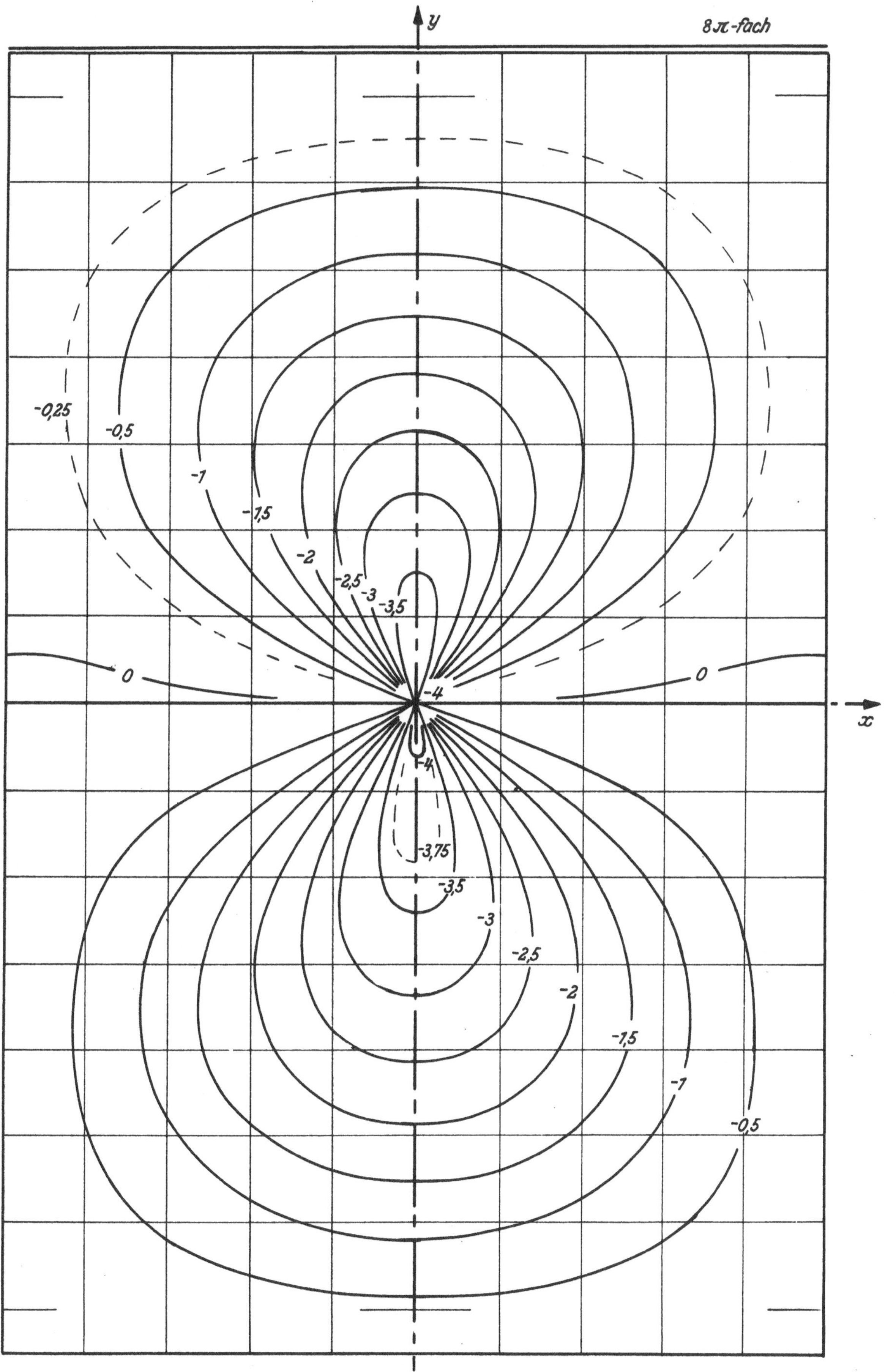

m_y-Stützmoment-Einflußfeld für die Mitte über der starren Zwischenstütze einer durchlaufenden Platte mit einem eingespannten und einem frei drehbar gelagerten Gegenrand ($l_x/l_y = 1/0{,}75$)

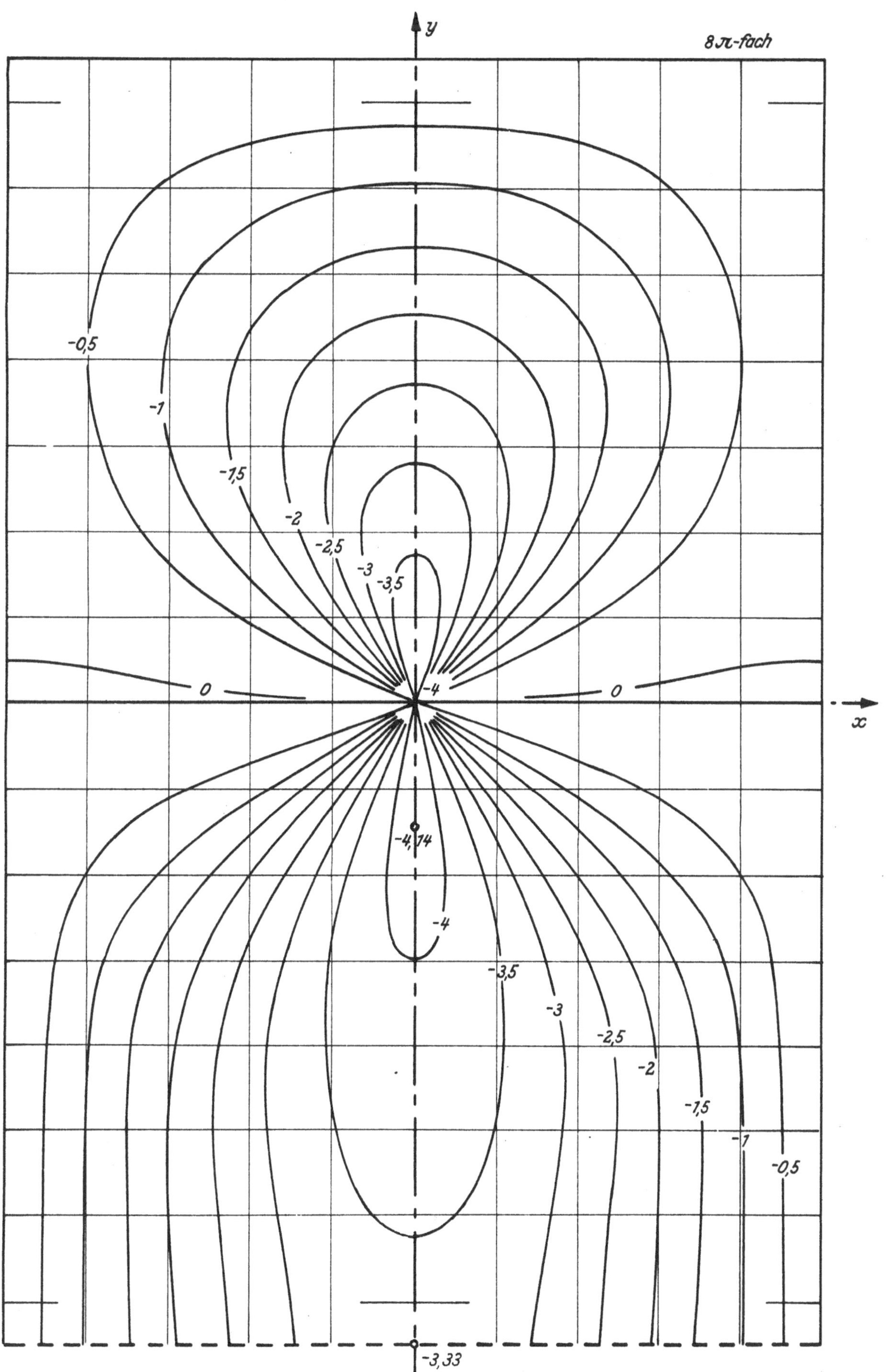

m_y-Stützmoment-Einflußfeld für die Mitte über der starren Zwischenstütze einer durchlaufenden Platte mit einem frei drehbar gelagerten und einem freien Gegenrand ($l_x/l_y = 1/0{,}75$)

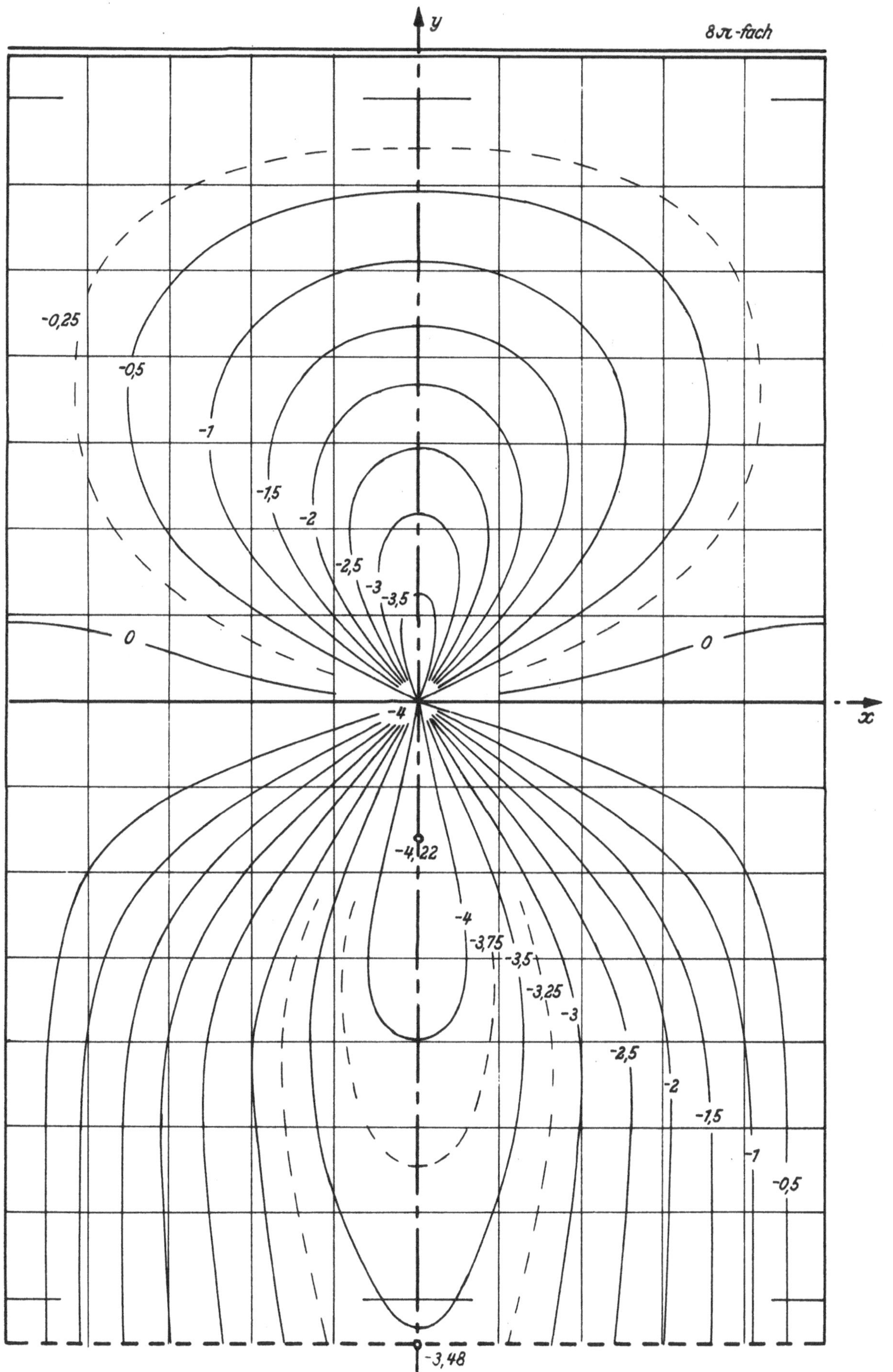

m_y-Stützmoment-Einflußfeld für die Mitte über der starren Zwischenstütze einer durchlaufenden Platte mit einem eingespannten und einem freien Gegenrand ($l_x/l_y = 1/0,75$)

Table 21.

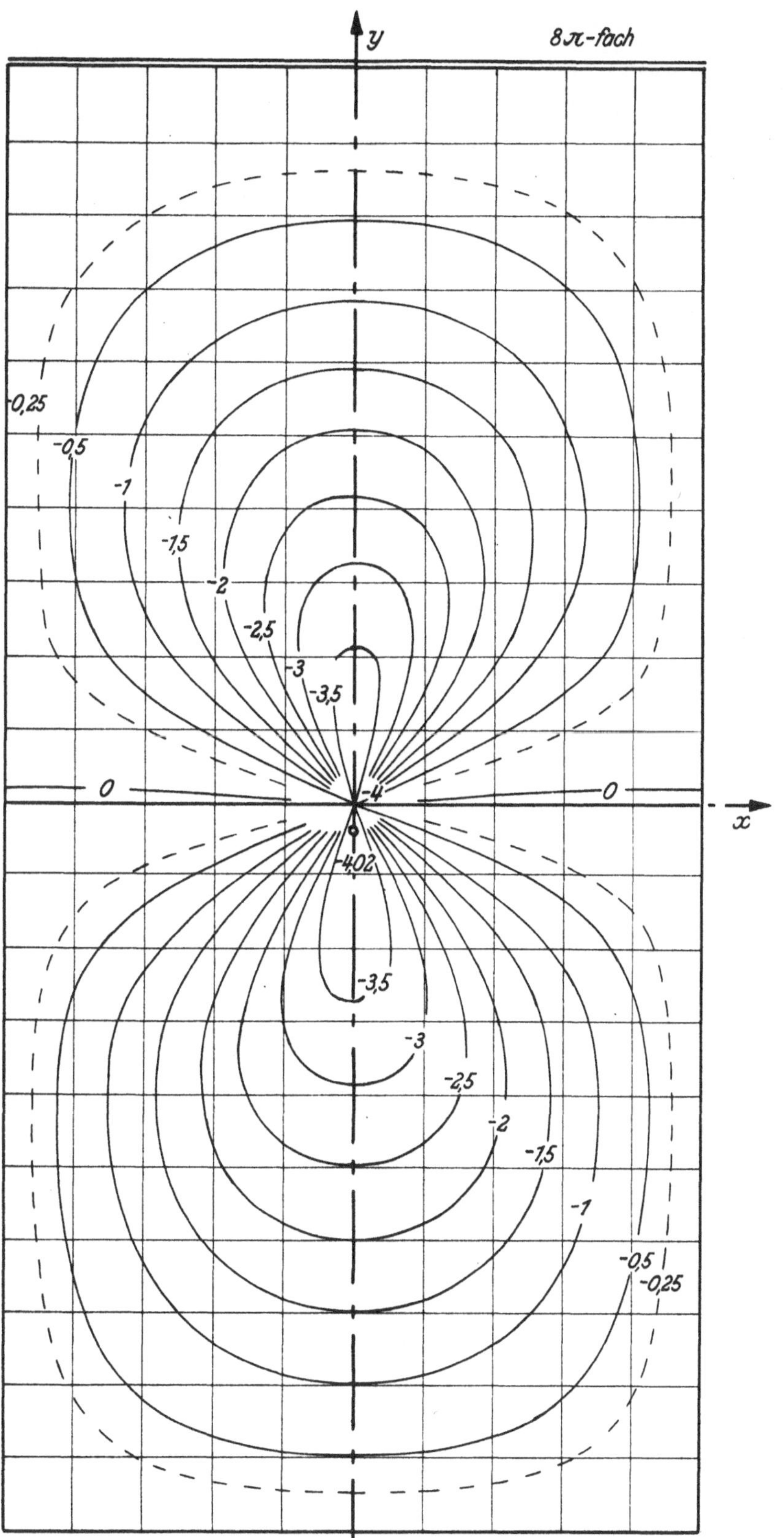

m_y-Stützmoment-Einflußfeld für die Mitte über der starren Zwischenstütze einer durchlaufenden Platte mit einem eingespannten und einem frei drehbar gelagerten Gegenrand ($l_x/l_y=1/1$)

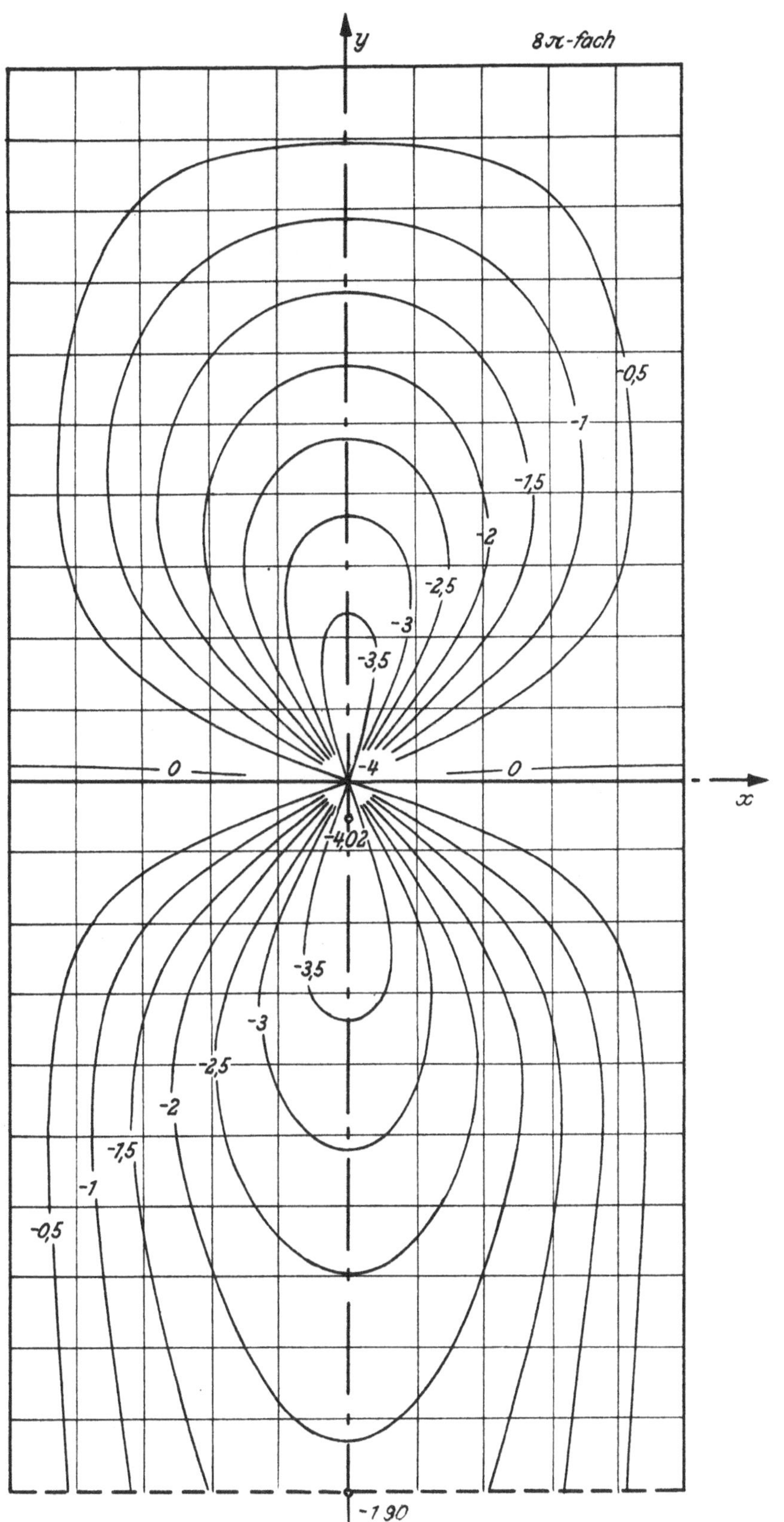

m_y-Stützmoment-Einflußfeld für die Mitte über der starren Zwischenstütze einer durchlaufenden Platte mit einem frei drehbar gelagerten und einem freien Gegenrand ($l_x/l_y = 1/1$)

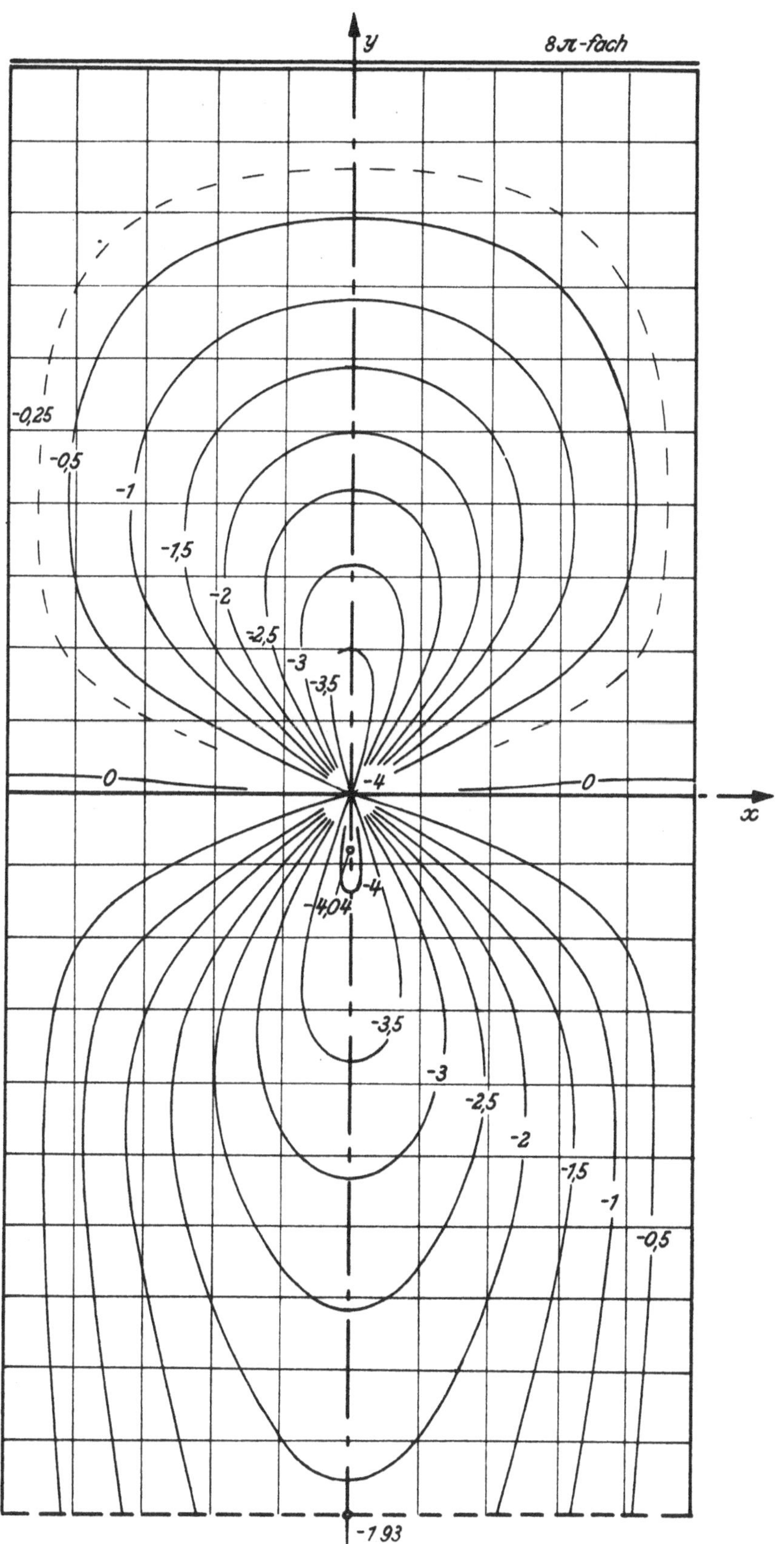

m_y-Stützmoment-Einflußfeld für die Mitte über der starren Zwischenstütze einer durchlaufenden Platte mit einem eingespannten und einem freien Gegenrand ($l_x/l_y = 1/1$)

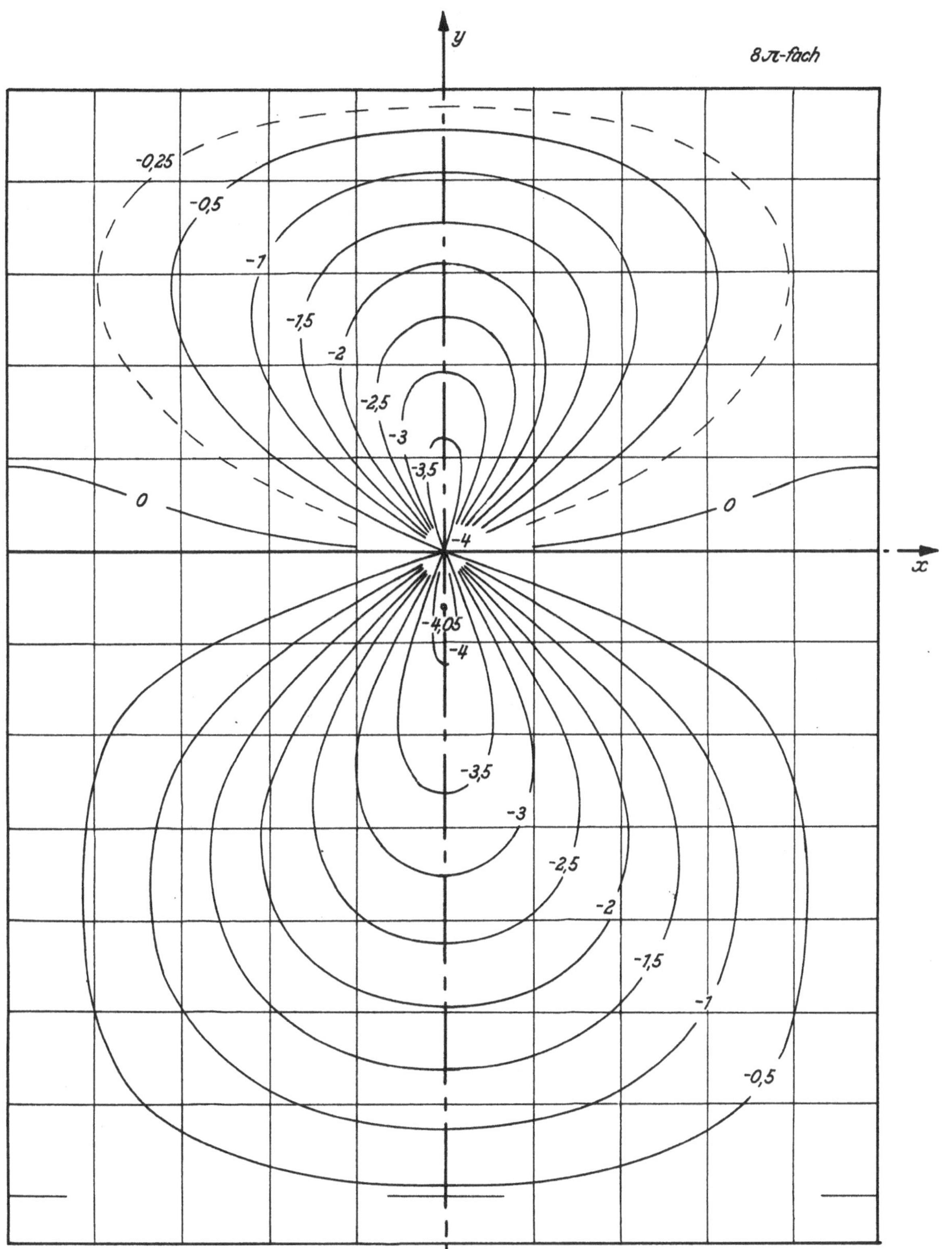

m_y-Stützmoment-Einflußfeld für die Mitte über der starren Zwischenstütze einer durchlaufenden Platte mit zwei frei drehbar gelagerten Gegenrändern ($l_x/l_y = 1/0{,}5$ und $1/0{,}75$)

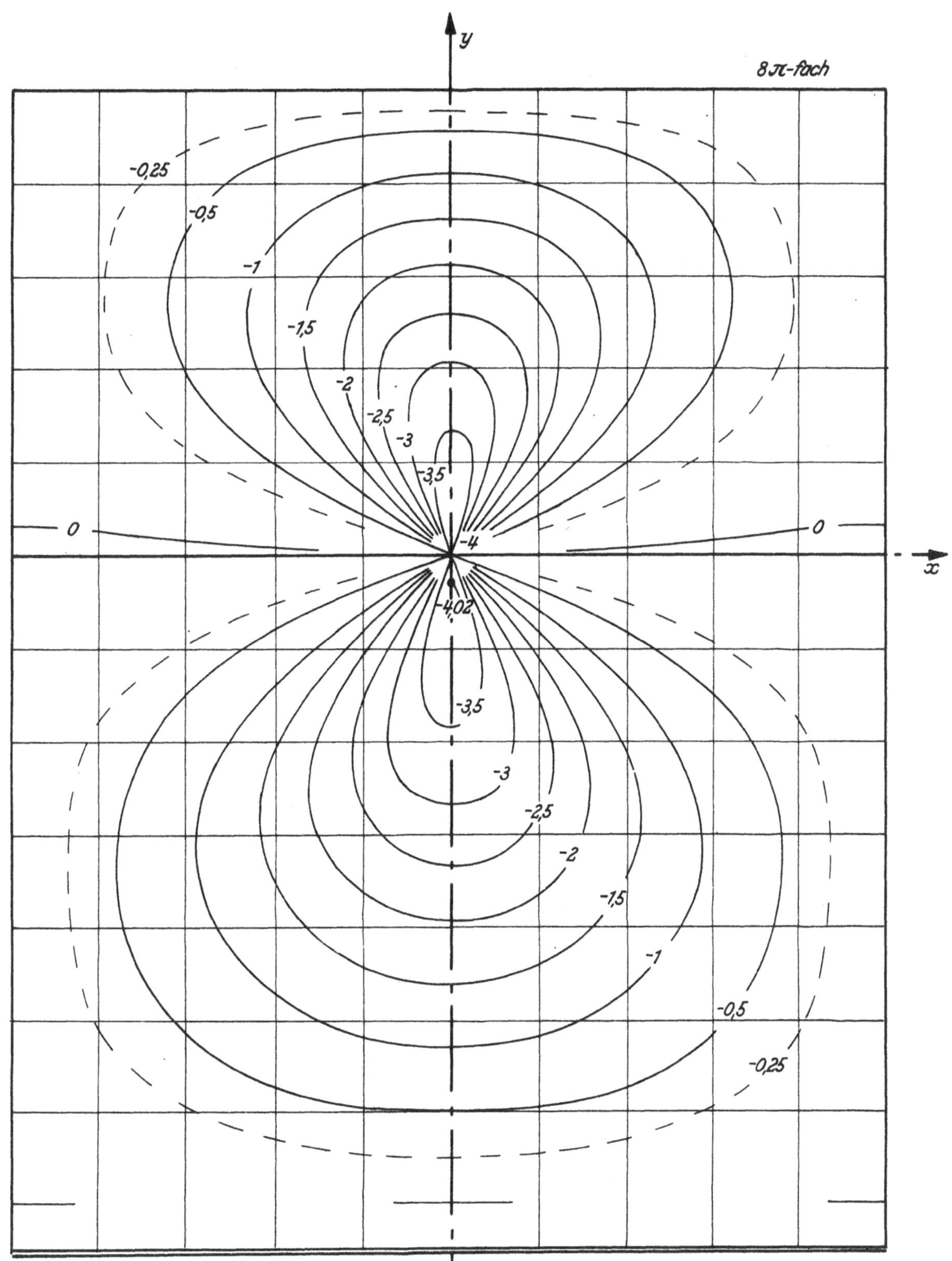

m_y-Stützmoment-Einflußfeld für die Mitte über der starren Zwischenstütze einer durchlaufenden Platte mit einem frei drehbar gelagerten und einem eingespannten Gegenrand (l_x/l_y = 1/0,5 und 1/0,75)

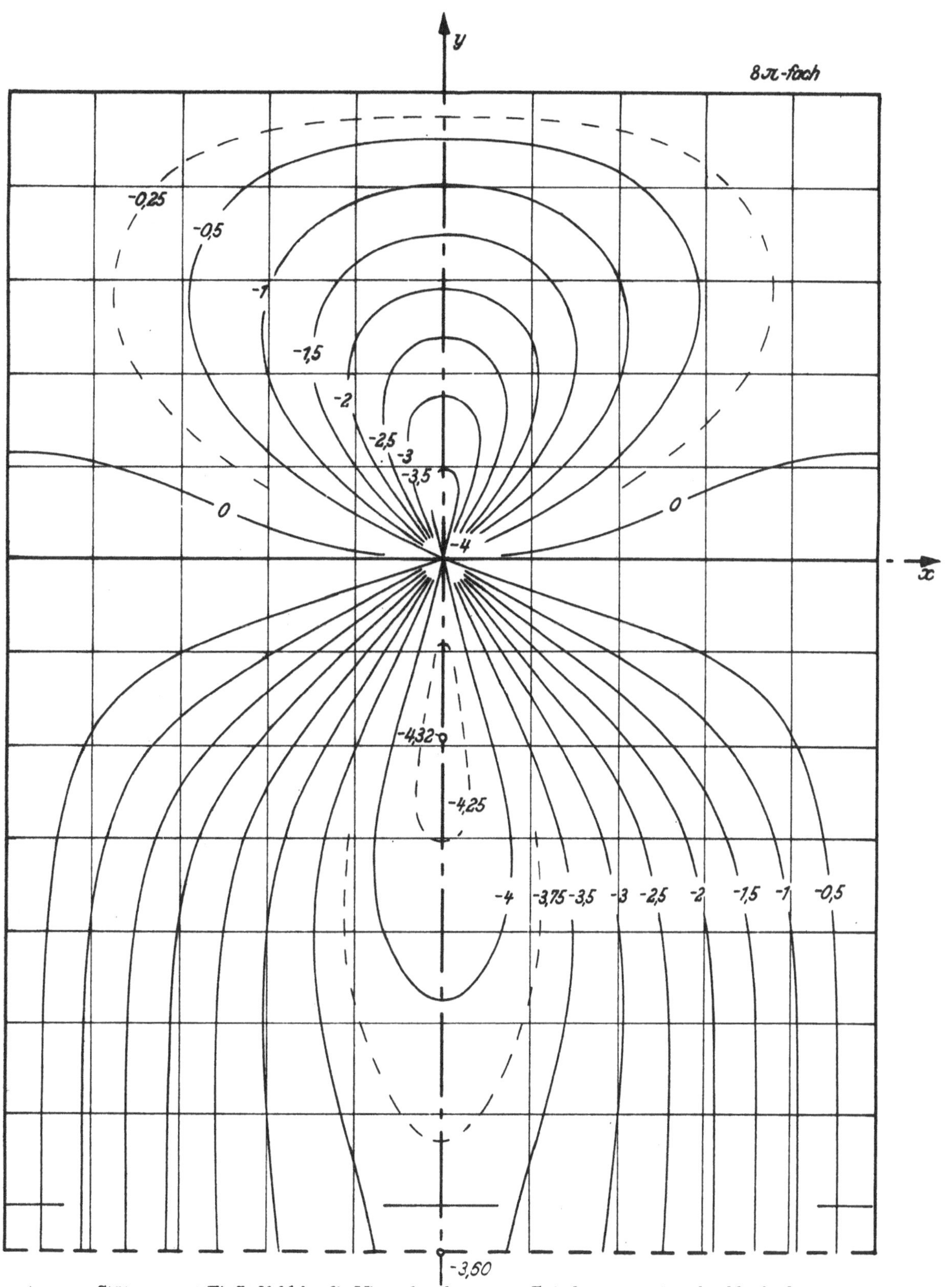

m_y-Stützmoment-Einflußfeld für die Mitte über der starren Zwischenstütze einer durchlaufenden Platte mit einem frei drehbar gelagerten und einem freien Gegenrand ($l_x/l_y = 1/0,5$ und $1/0,75$)

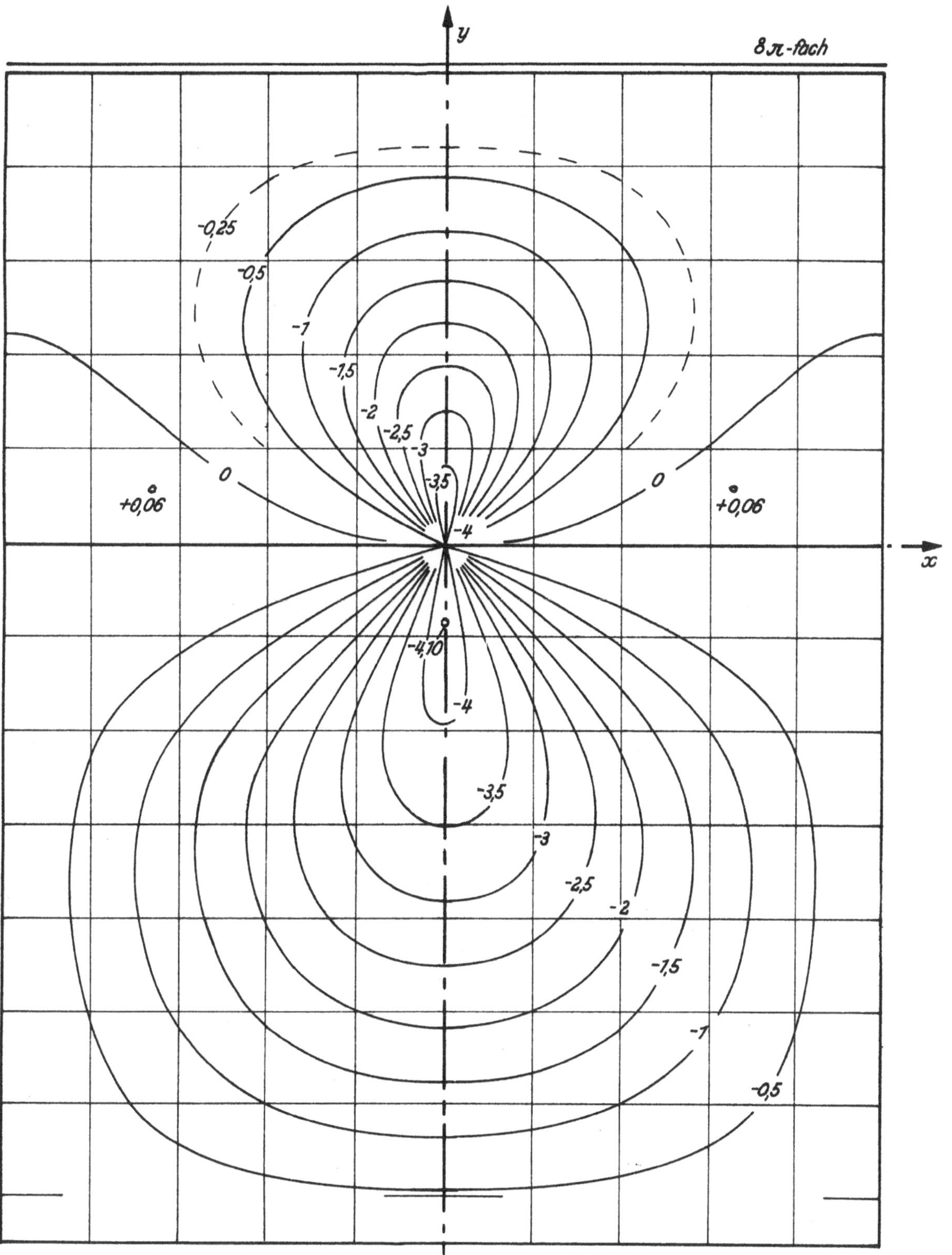

m_y-Stützmoment-Einflußfeld für die Mitte über der starren Zwischenstütze einer durchlaufenden Platte mit einem eingespannten und einem frei drehbar gelagerten Gegenrand (l_x/l_y = 1/0,5 und 1/0,75)

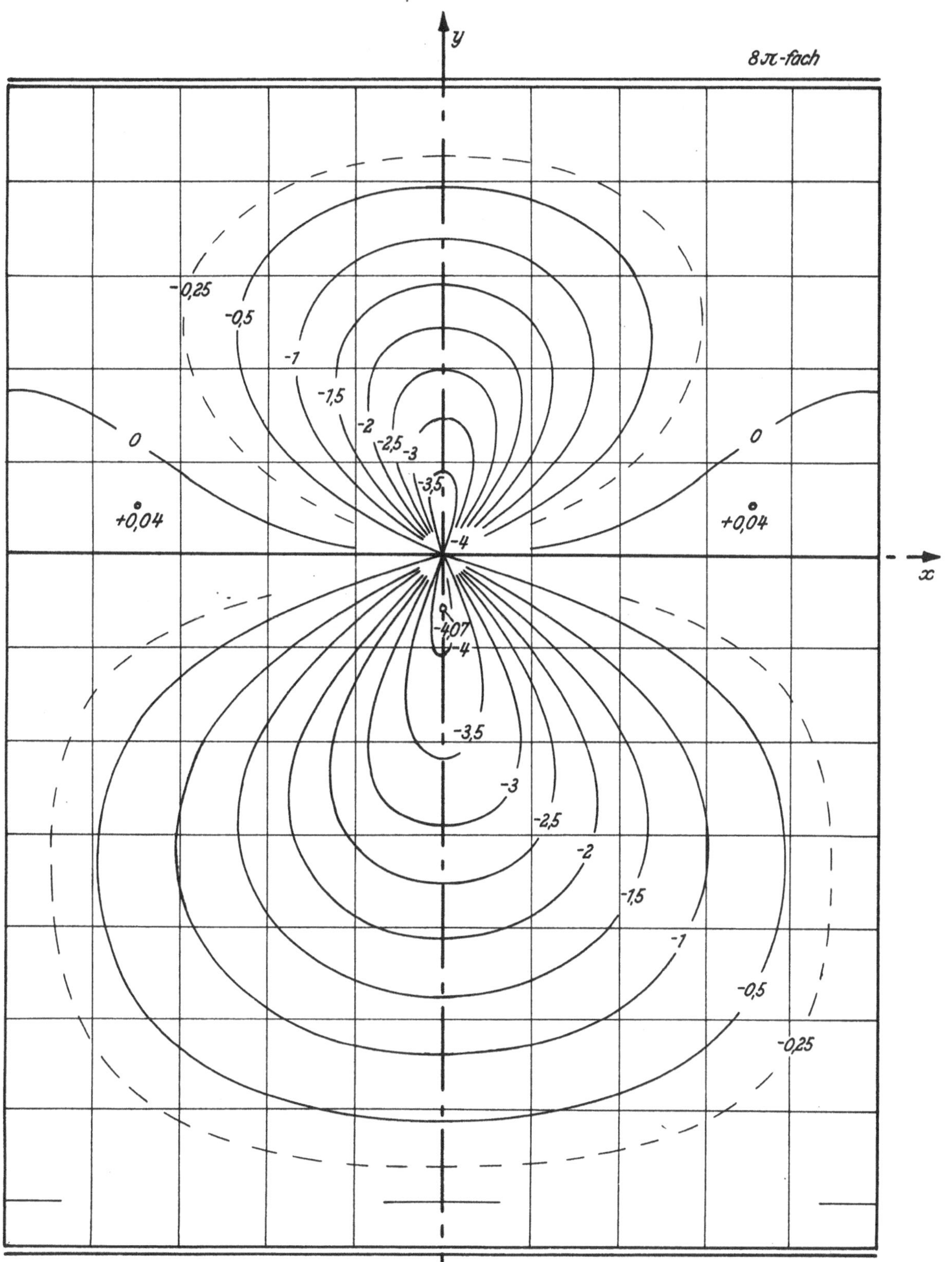

m_y-Stützmoment-Einflußfeld für die Mitte über der starren Zwischenstütze einer durchlaufenden Platte mit zwei eingespannten Gegenrändern ($l_x/l_y = 1/0{,}5$ und $1/0{,}75$)

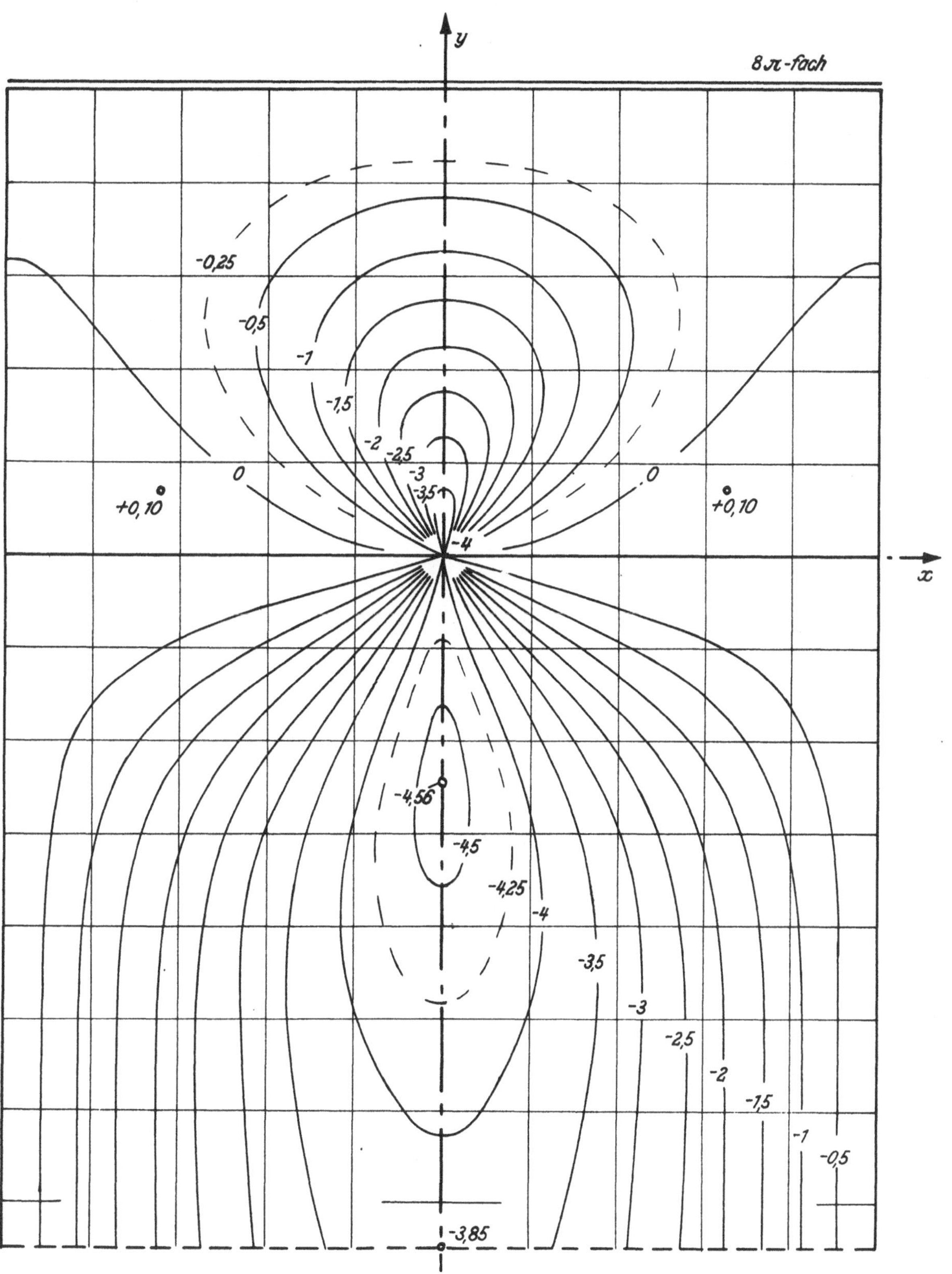

m_y-Stützmoment-Einflußfeld für die Mitte über der starren Zwischenstütze einer durchlaufenden Platte mit einem eingespannten und einem freien Gegenrand (l_x/l_y = 1/0,5 und 1/0,75)

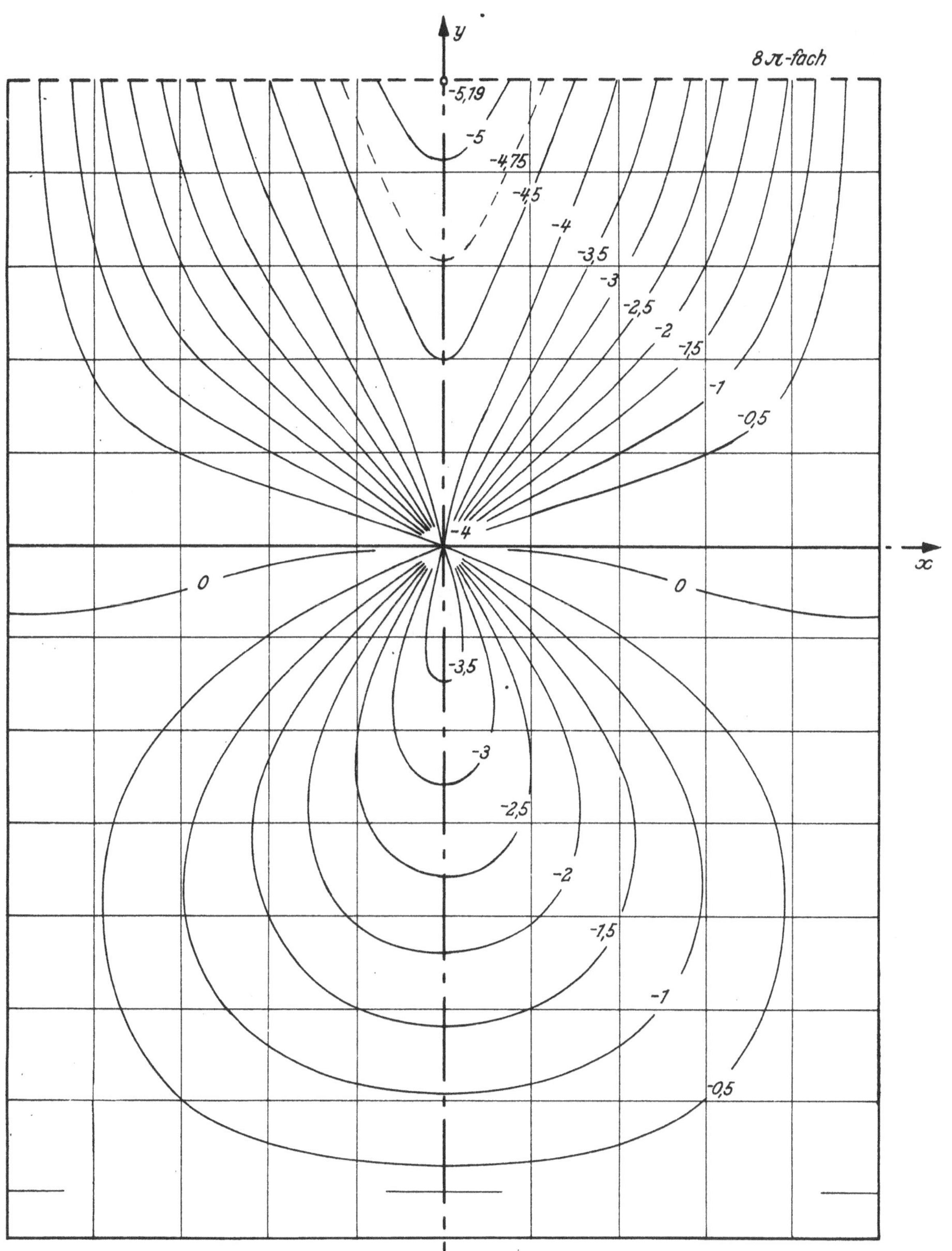

m_y-Stützmoment-Einflußfeld für die Mitte über der starren Zwischenstütze einer durchlaufenden Platte mit einem freien und einem frei drehbar gelagerten Gegenrand ($l_x/l_y = 1/0{,}5$ und $1/0{,}75$)

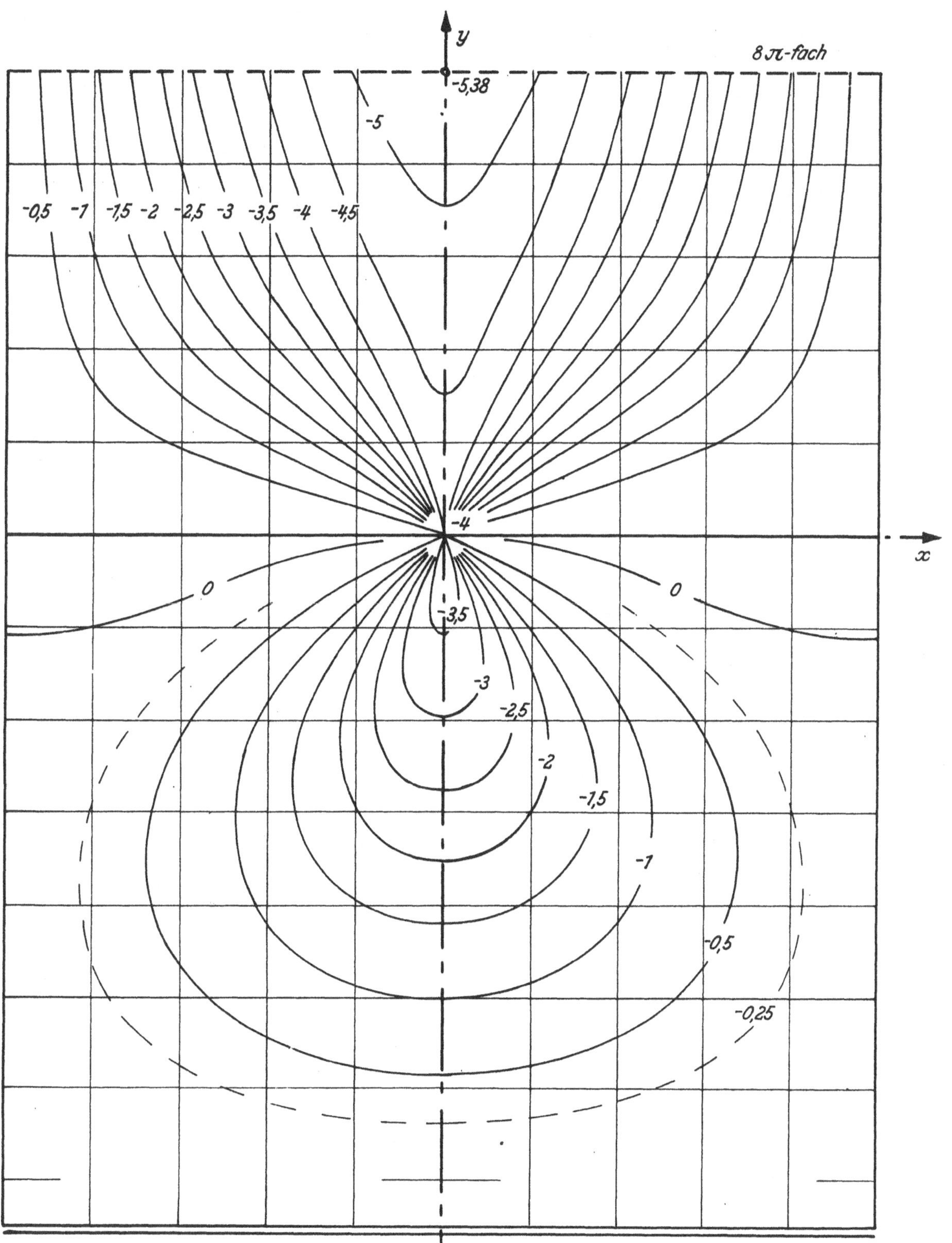

m_y-Stützmoment-Einflußfeld für die Mitte über der starren Zwischenstütze einer durchlaufenden Platte mit einem freien und einem eingespannten Gegenrand ($l_x/l_y = 1/0{,}5$ und $1/0{,}75$)

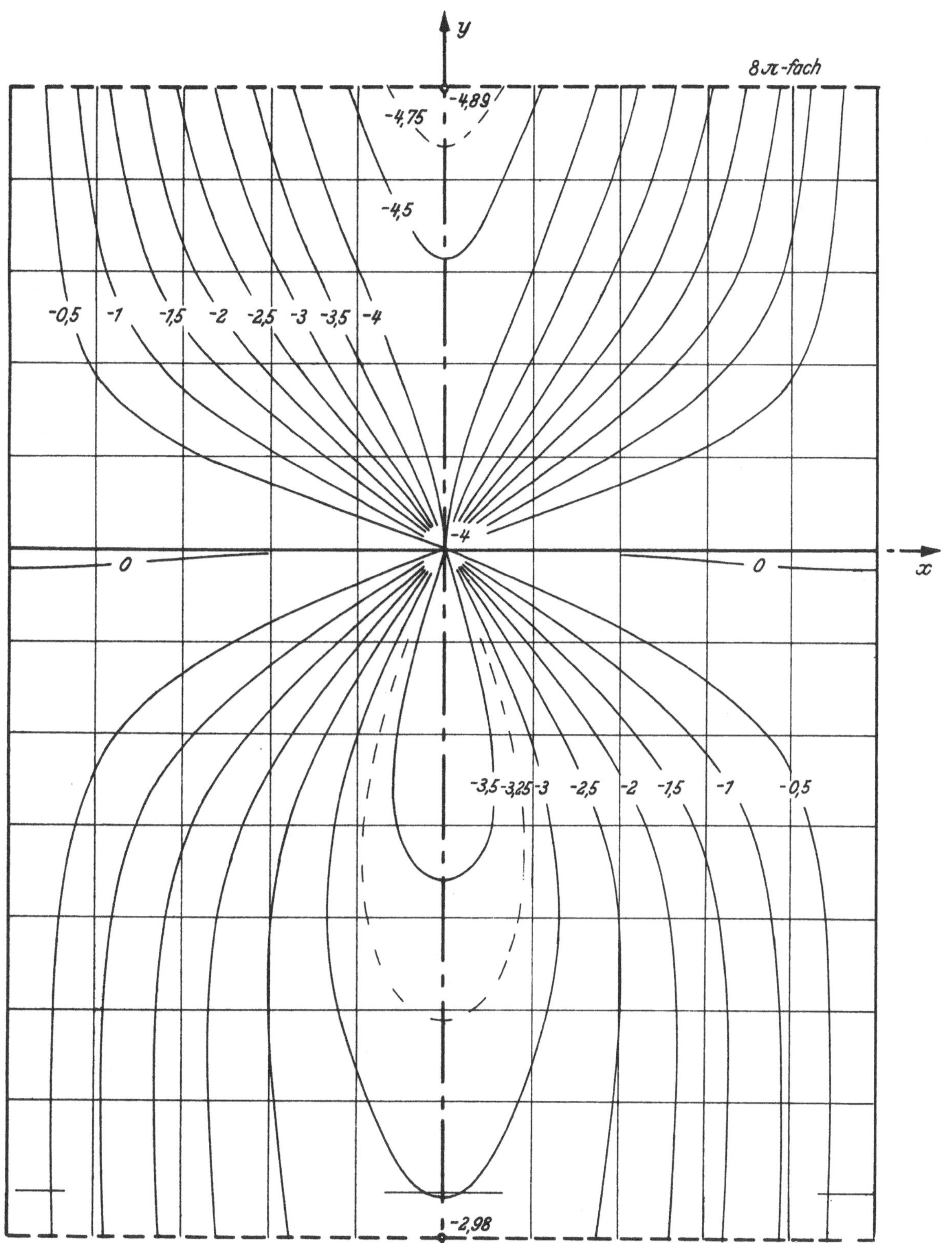

m_y-Stützmoment-Einflußfeld für die Mitte über der starren Zwischenstütze einer durchlaufenden Platte mit zwei freien Gegenrändern ($l_x/l_y = 1/0{,}5$ und $1/0{,}75$)

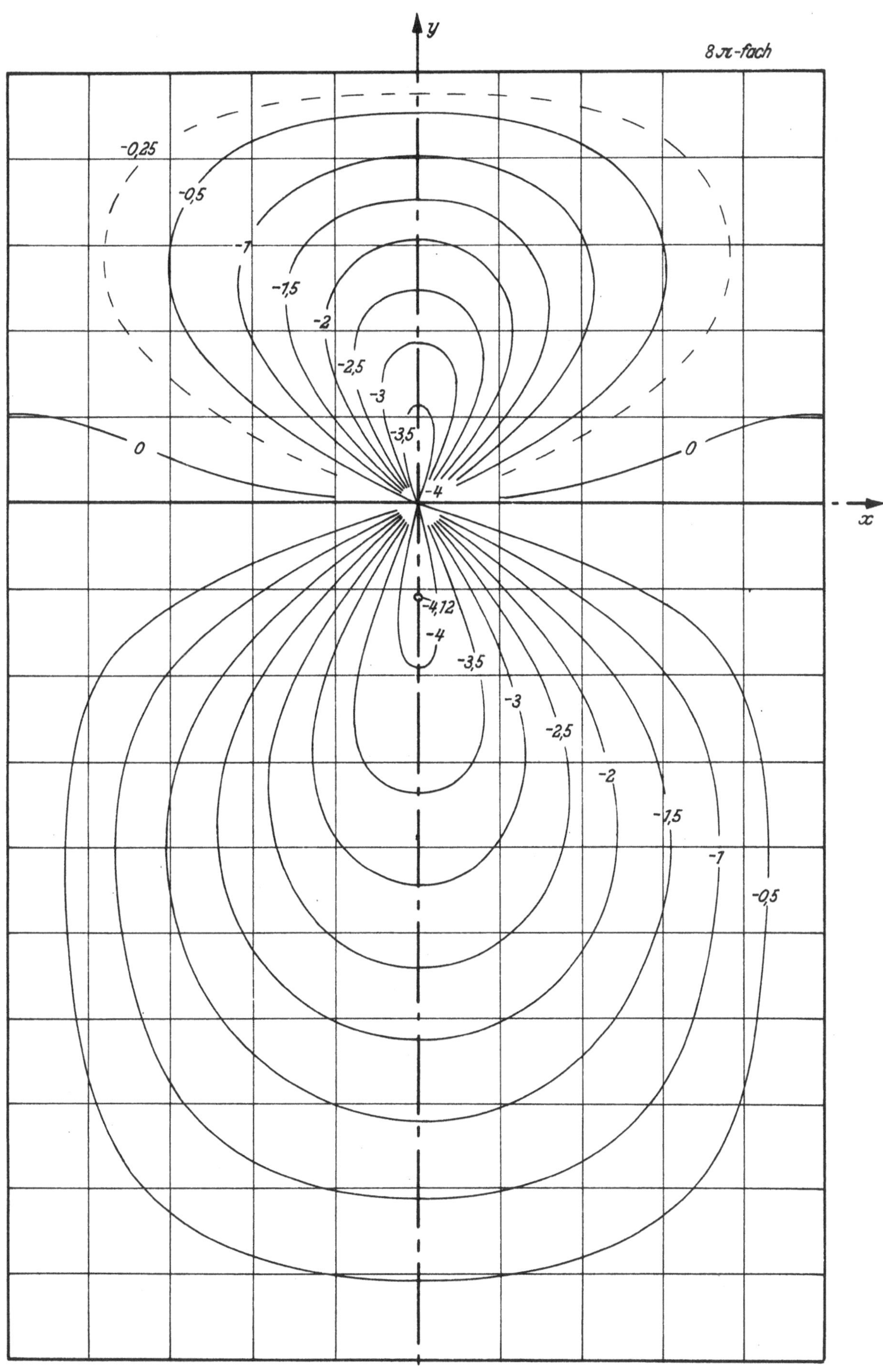

m_y-Stützmoment-Einflußfeld für die Mitte über der starren Zwischenstütze einer durchlaufenden Platte mit zwei frei drehbar gelagerten Gegenrändern ($l_x/l_y = 1/0{,}5$ und $1/1$)

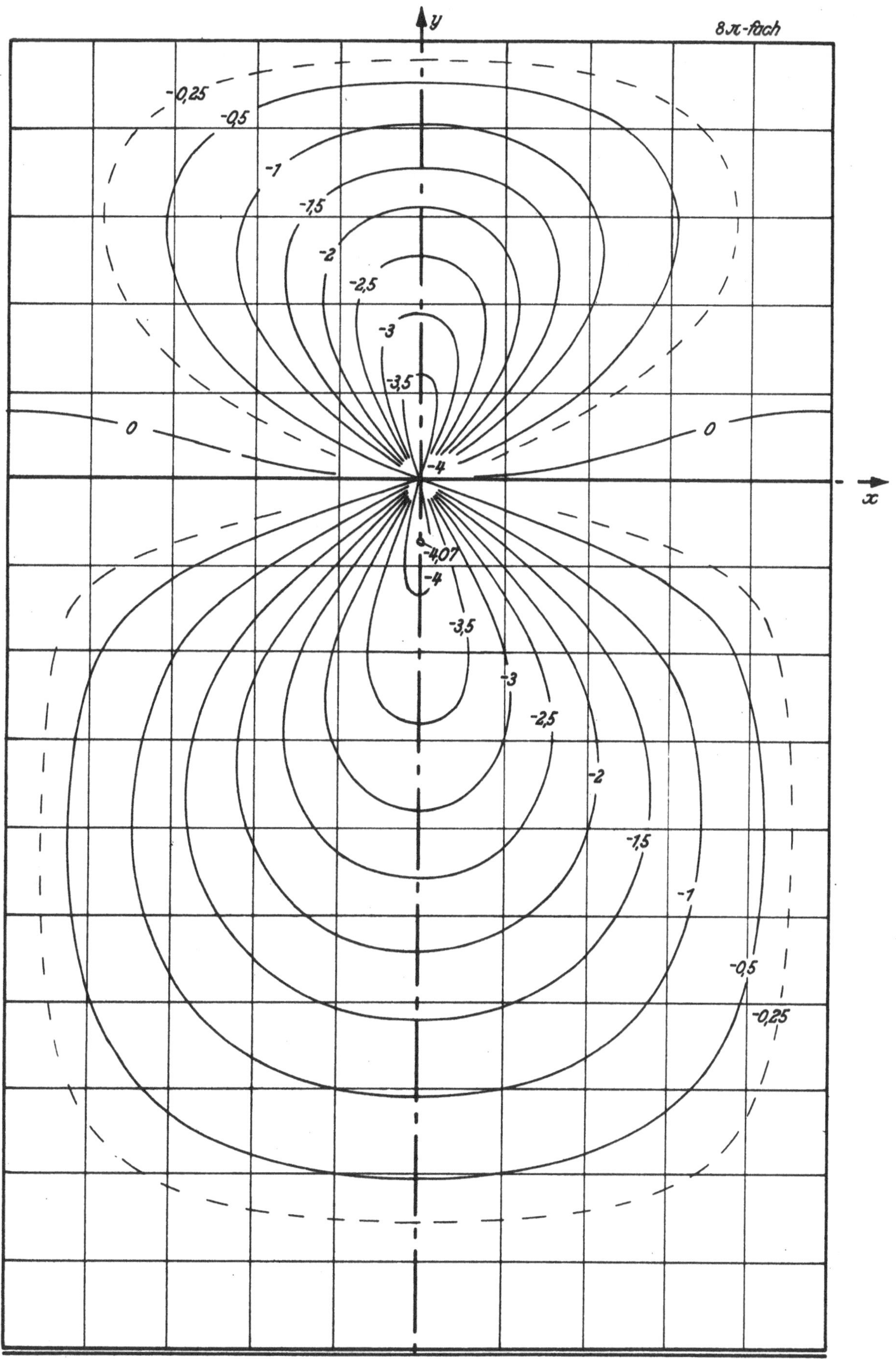

m_y-Stützmoment-Einflußfeld für die Mitte über der starren Zwischenstütze einer durchlaufenden Platte mit einem frei drehbar gelagerten und einem eingespannten Gegenrand ($l_x/l_y = 1/0{,}5$ und $1/1$)

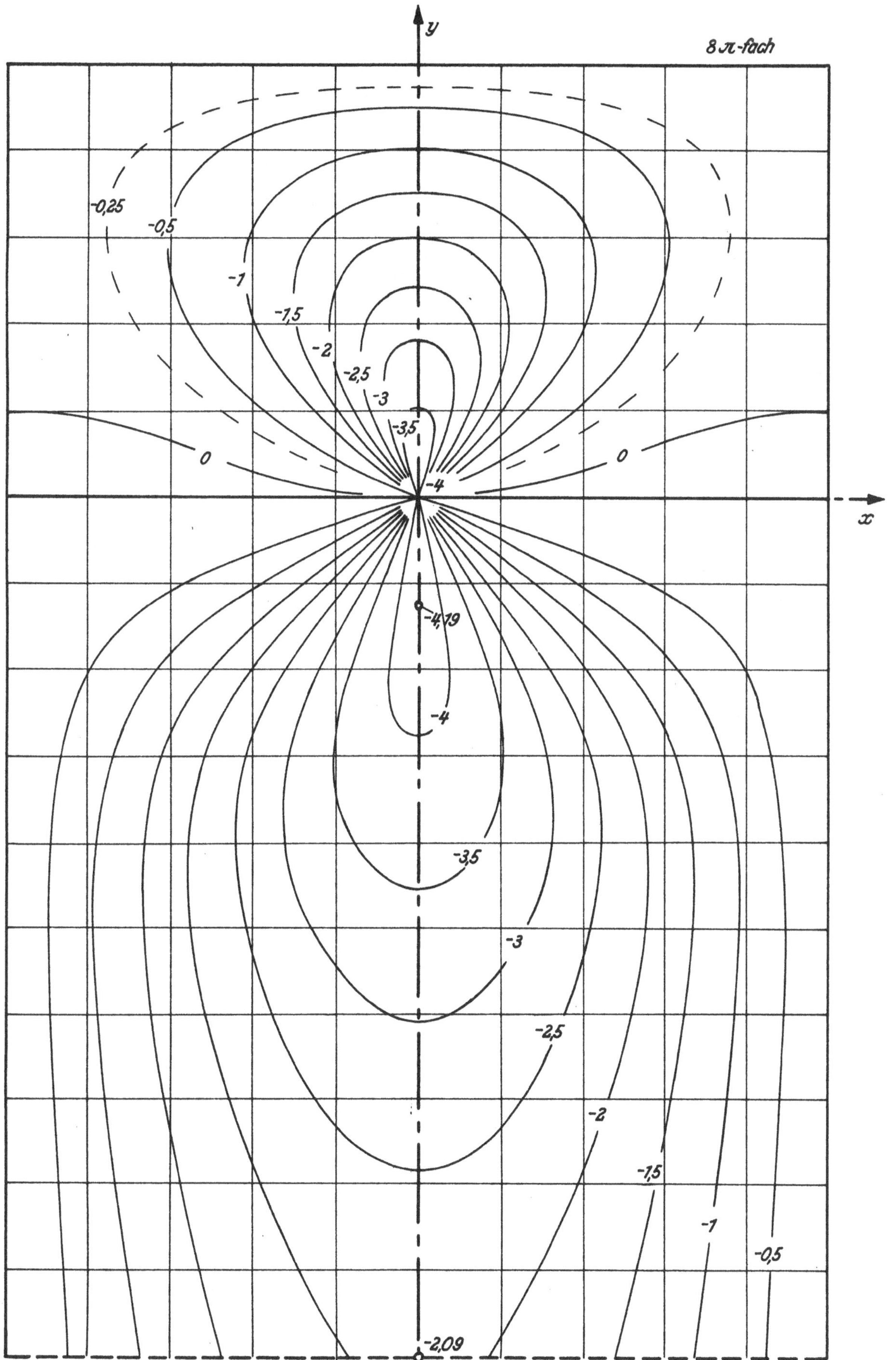

m_y-Stützmoment-Einflußfeld für die Mitte über der starren Zwischenstütze einer durchlaufenden Platte mit einem frei drehbar gelagerten und einem freien Gegenrand (l_x/l_y = 1/0,5 und 1/1)

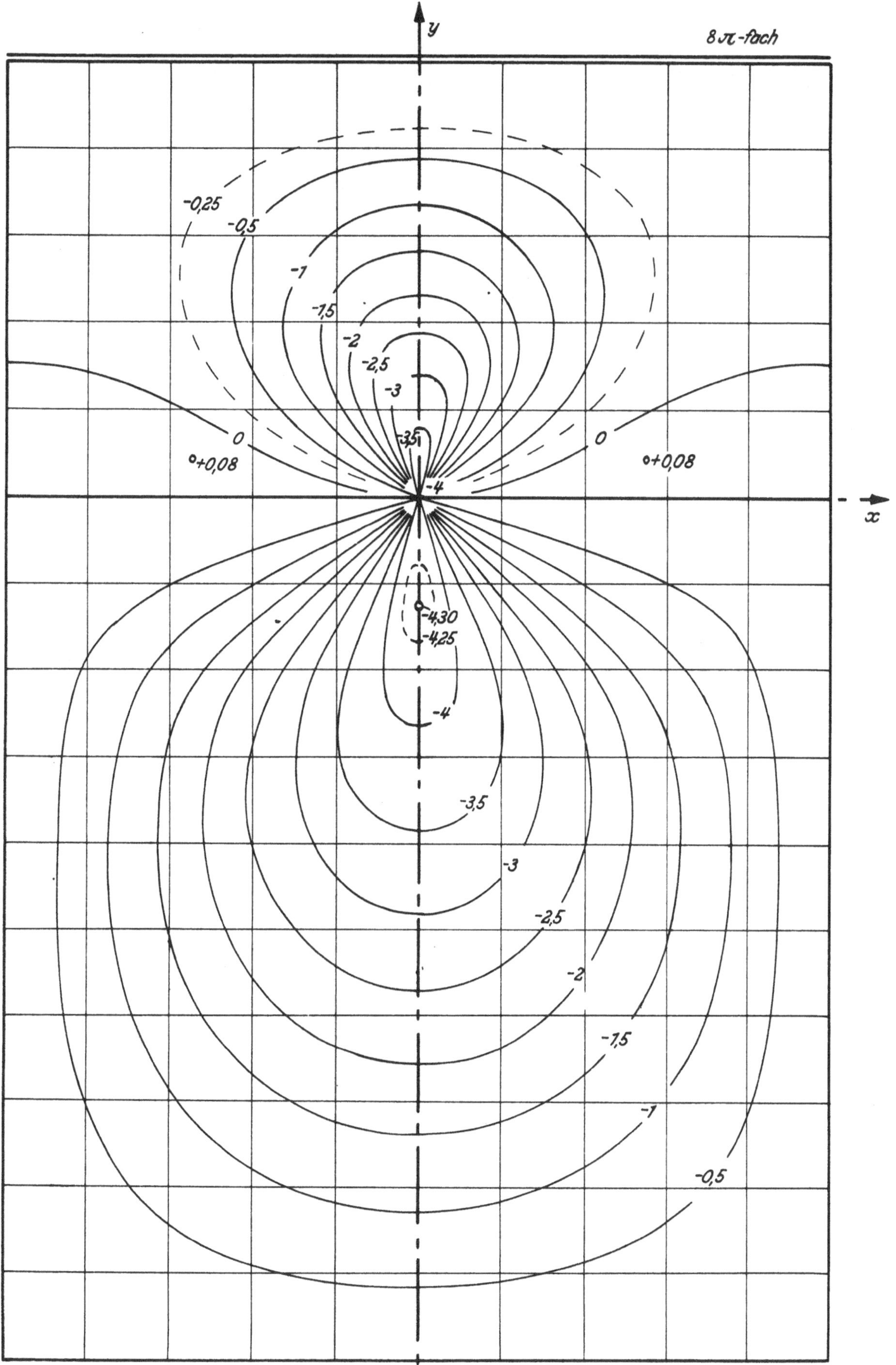

m_y-Stützmoment-Einflußfeld für die Mitte über der starren Zwischenstütze einer durchlaufenden Platte mit einem eingespannten und einem frei drehbar gelagerten Gegenrand ($l_x/l_y = 1/0,5$ und $1/1$)

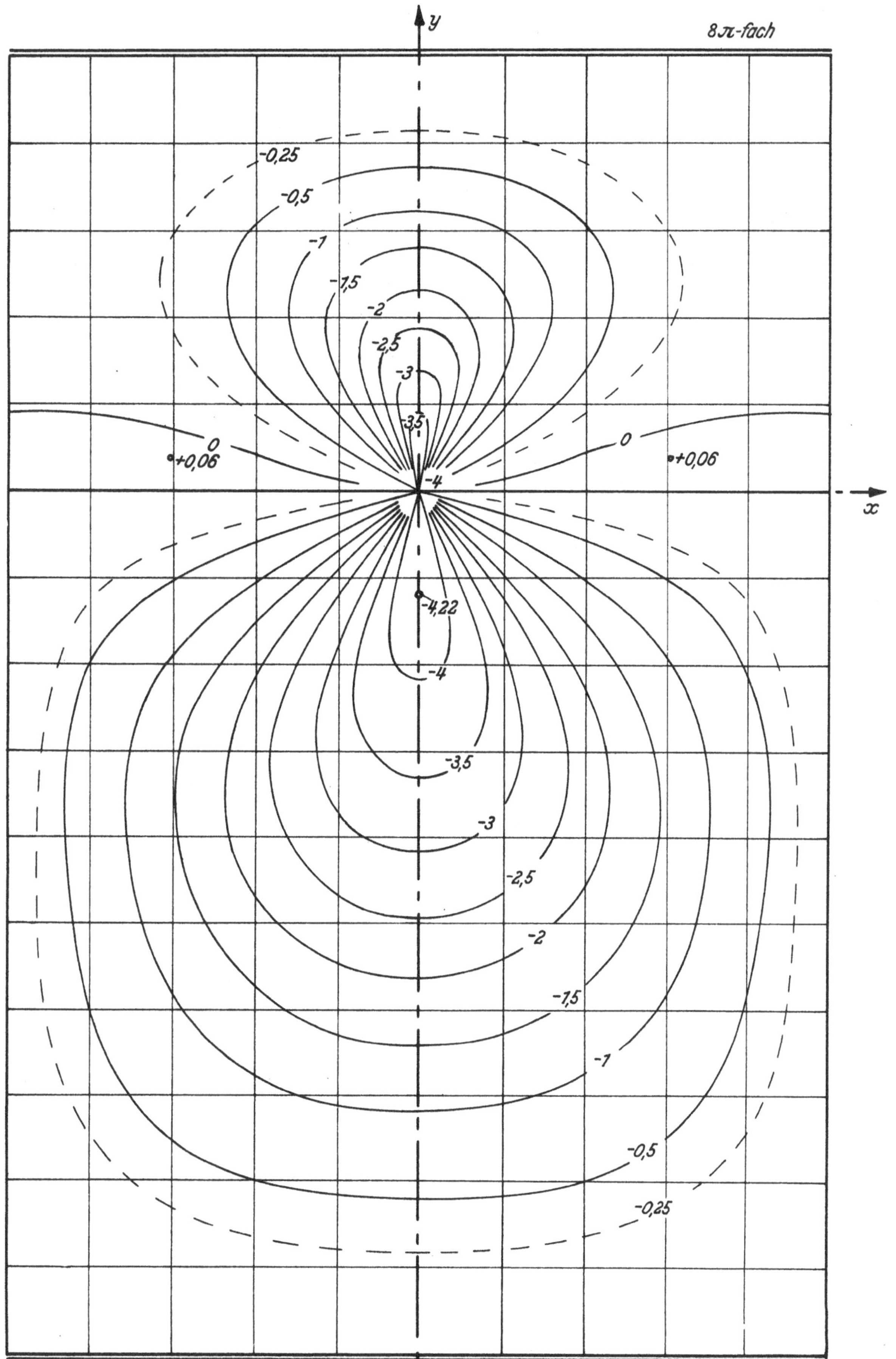

m_y-Stützmoment-Einflußfeld für die Mitte über der starren Zwischenstütze einer durchlaufenden Platte mit zwei eingespannten Gegenrändern ($l_x/l_y = 1/0{,}5$ und $1/1$)

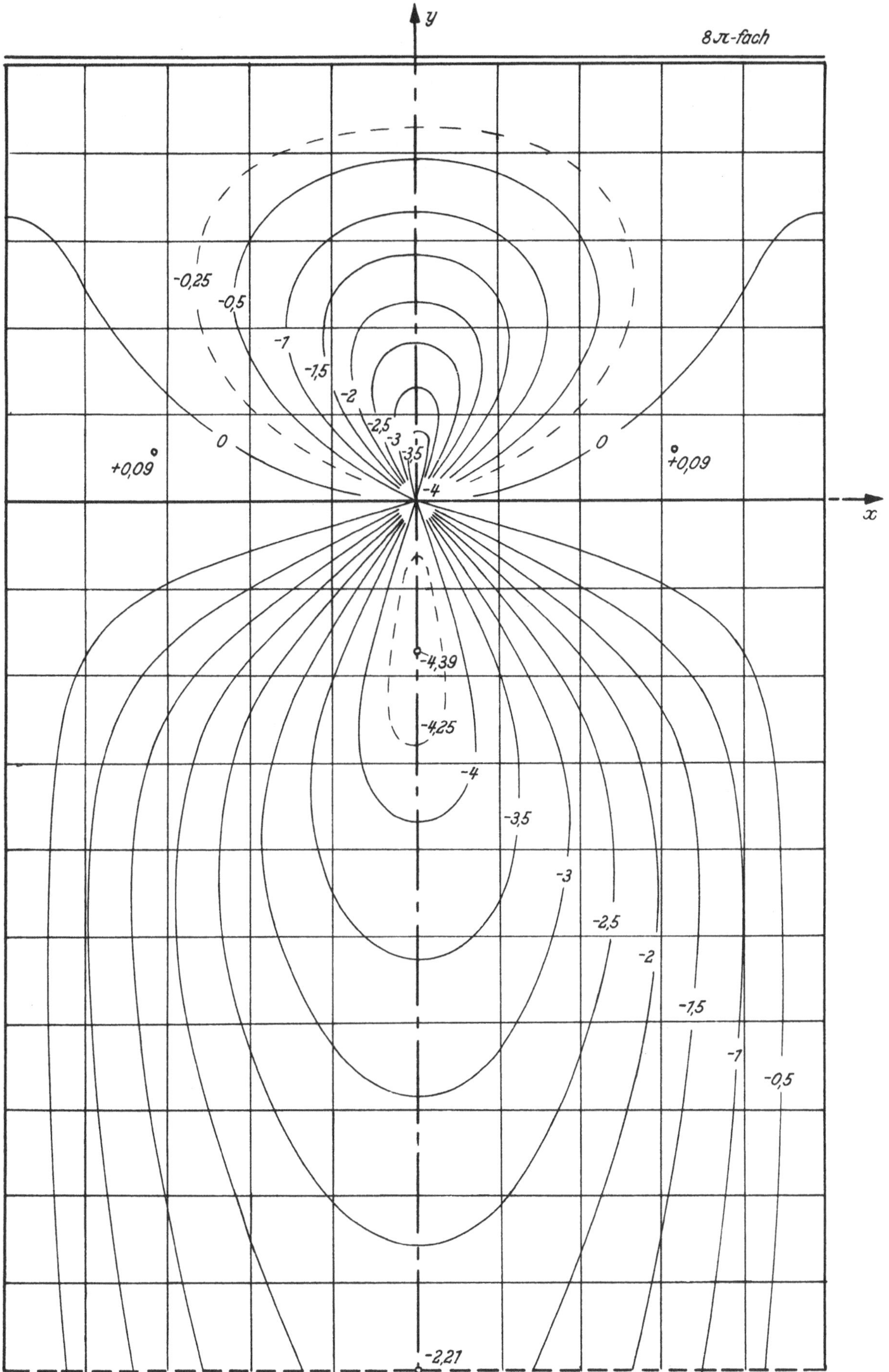

m_y-Stützmoment-Einflußfeld für die Mitte über der starren Zwischenstütze einer durchlaufenden Platte mit einem eingespannten und einem freien Gegenrand ($l_x/l_y = 1/0{,}5$ und $1/1$)

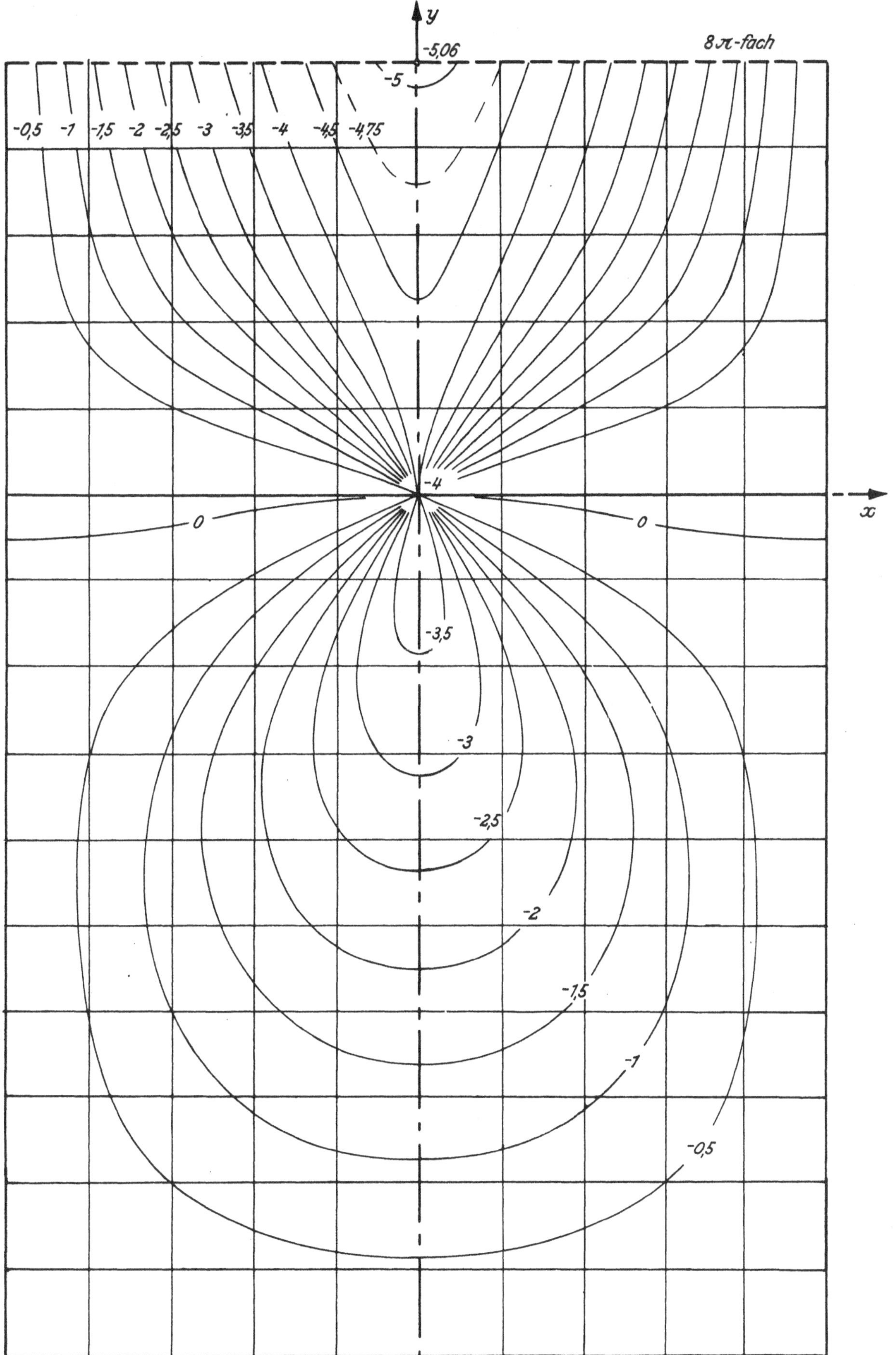

m_y-Stützmoment-Einflußfeld für die Mitte über der starren Zwischenstütze einer durchlaufenden Platte mit einem freien und einem frei drehbar gelagerten Gegenrand ($l_x/l_y = 1/0{,}5$ und $1/1$)

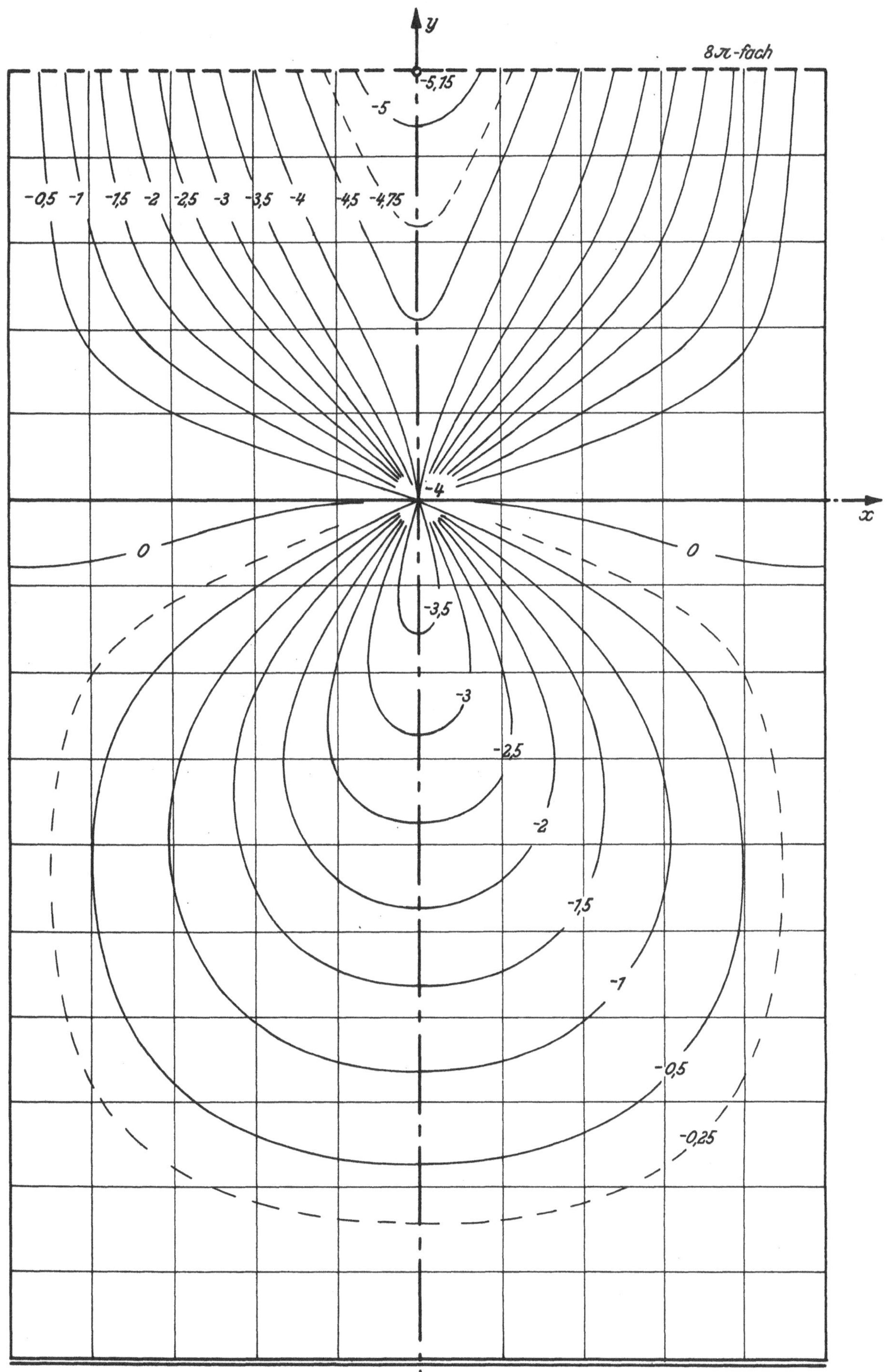

m_y-Stützmoment-Einflußfeld für die Mitte über der starren Zwischenstütze einer durchlaufenden Platte mit einem freien und einem eingespannten Gegenrand ($l_x/l_y = 1/0{,}5$ und $1/1$)

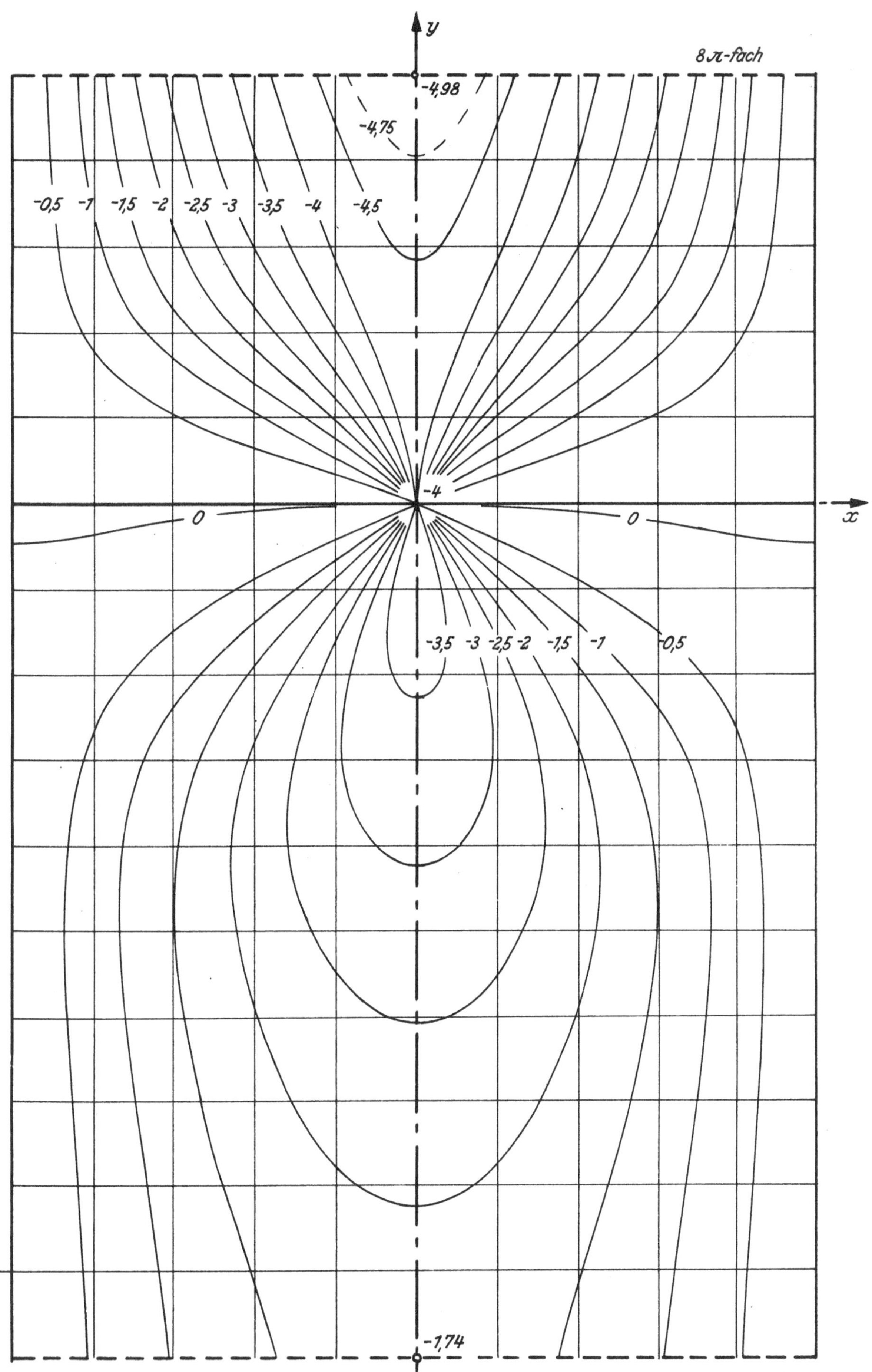

m_y-Stützmoment-Einflußfeld für die Mitte über der starren Zwischenstütze einer durchlaufenden Platte mit zwei freien Gegenrändern (l_x/l_y = 1/0,5 und 1/1)

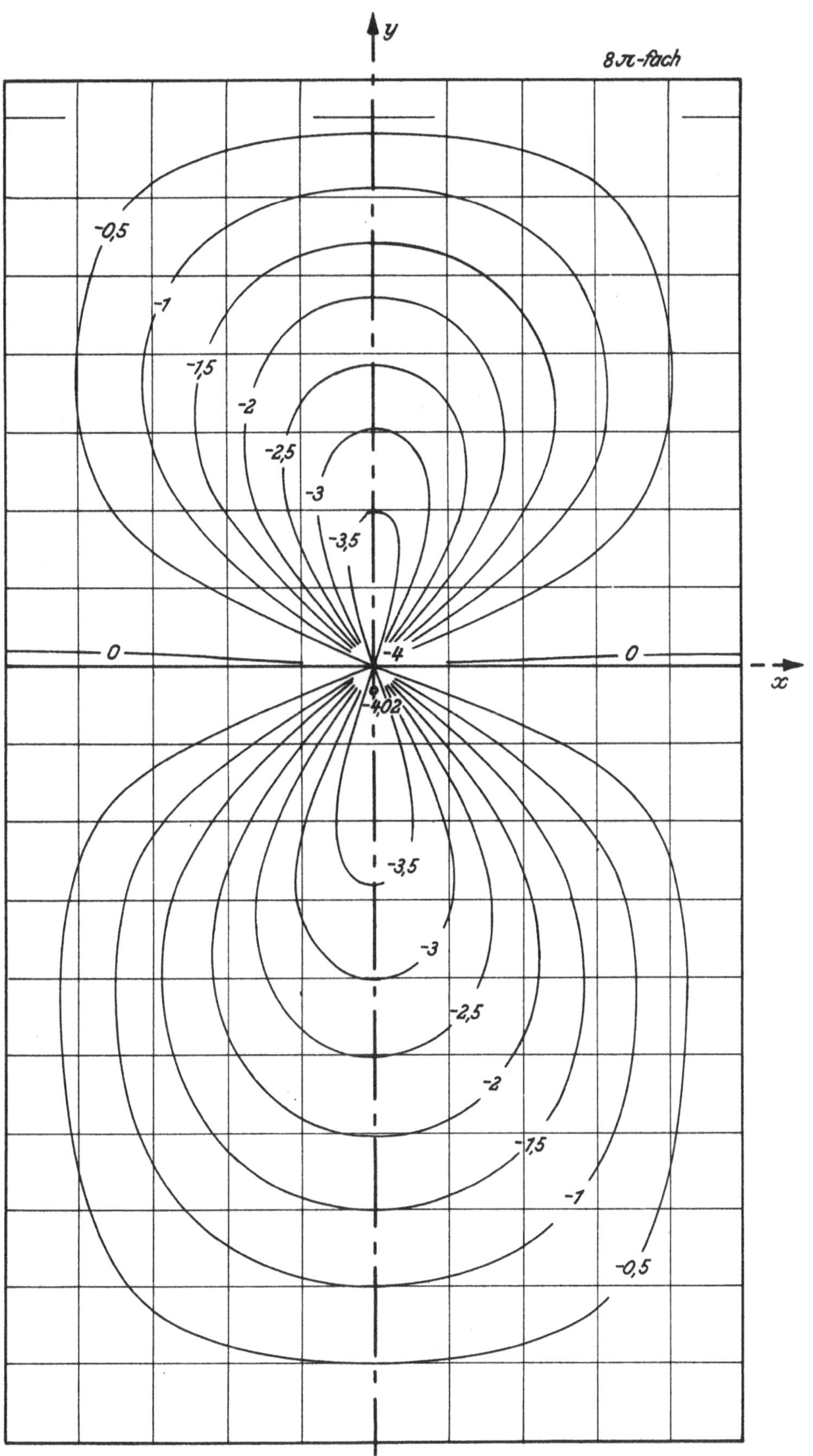

m_y-Stützmoment-Einflußfeld für die Mitte über der starren Zwischenstütze einer durchlaufenden Platte mit zwei frei drehbar gelagerten Gegenrändern ($l_x/l_y = 1/0,75$ und $1/1$)

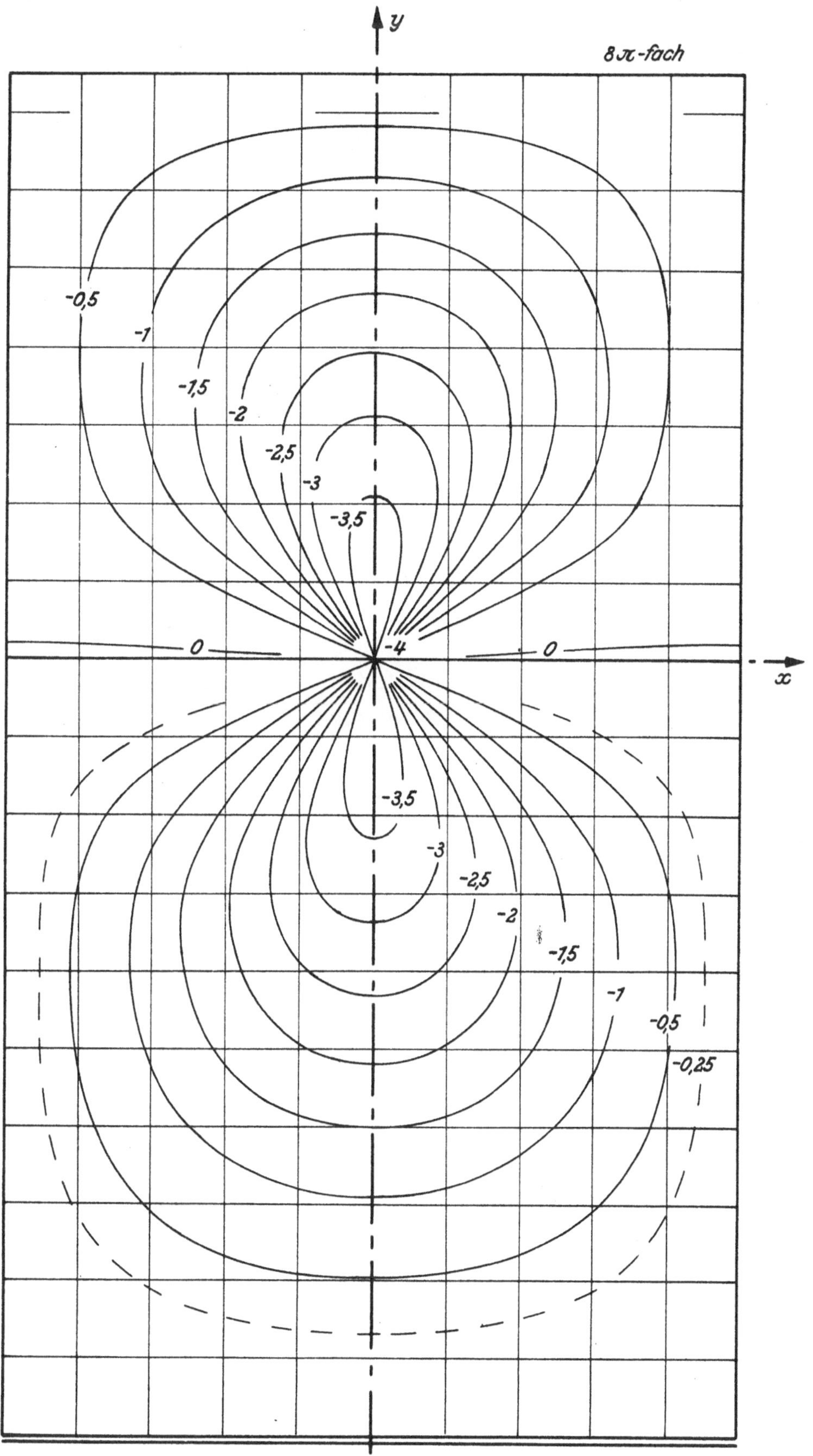

m_y-Stützmoment-Einflußfeld für die Mitte über der starren Zwischenstütze einer durchlaufenden Platte mit einem frei drehbar gelagerten und einem eingespannten Gegenrand (l_x/l_y = 1/0,75 und 1/1)

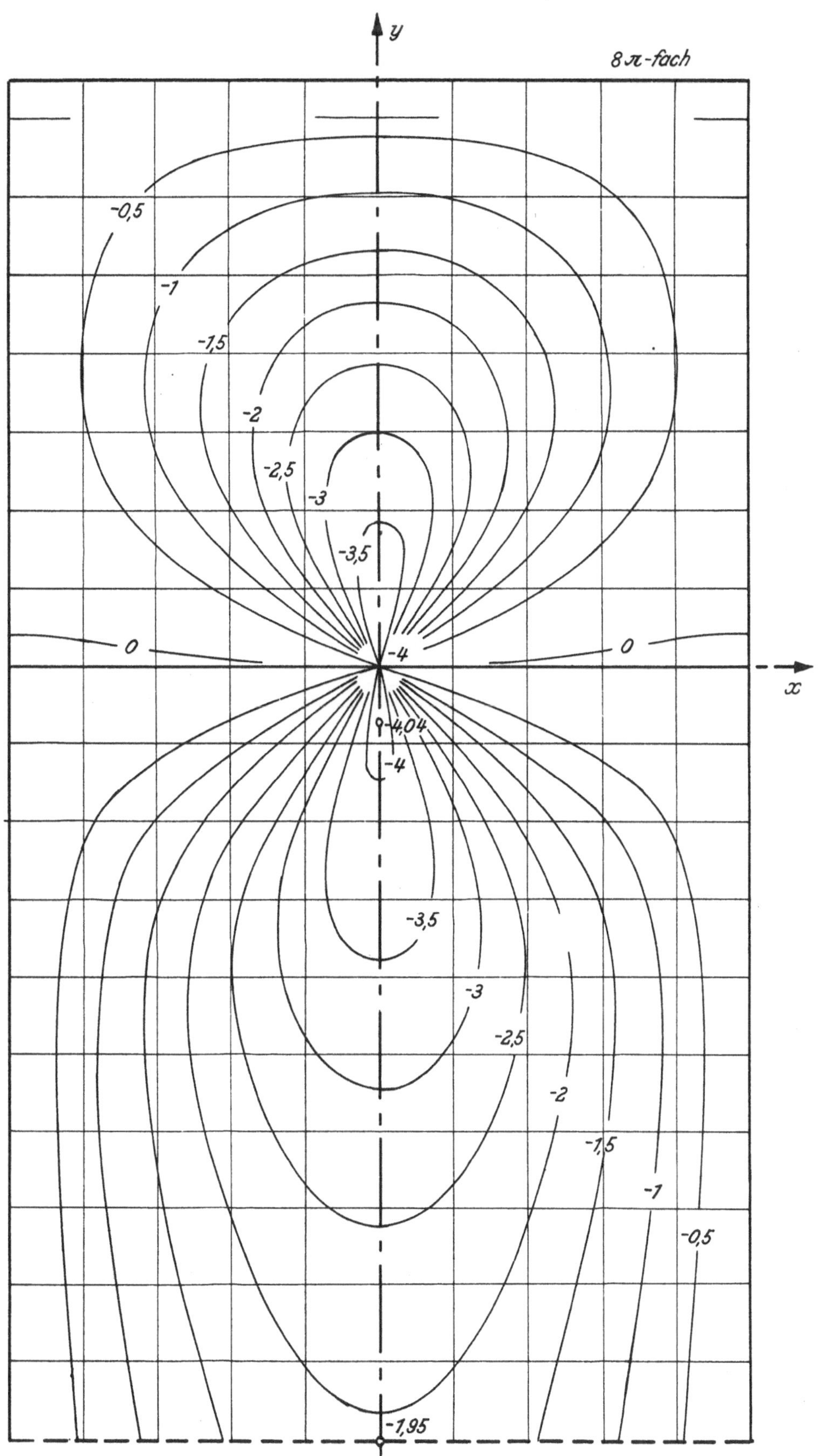

m_y-Stützmoment-Einflußfeld für die Mitte über der starren Zwischenstütze einer durchlaufenden Platte mit einem frei drehbar gelagerten und einem freien Gegenrand ($l_x/l_y = 1/0{,}75$ und $1/1$)

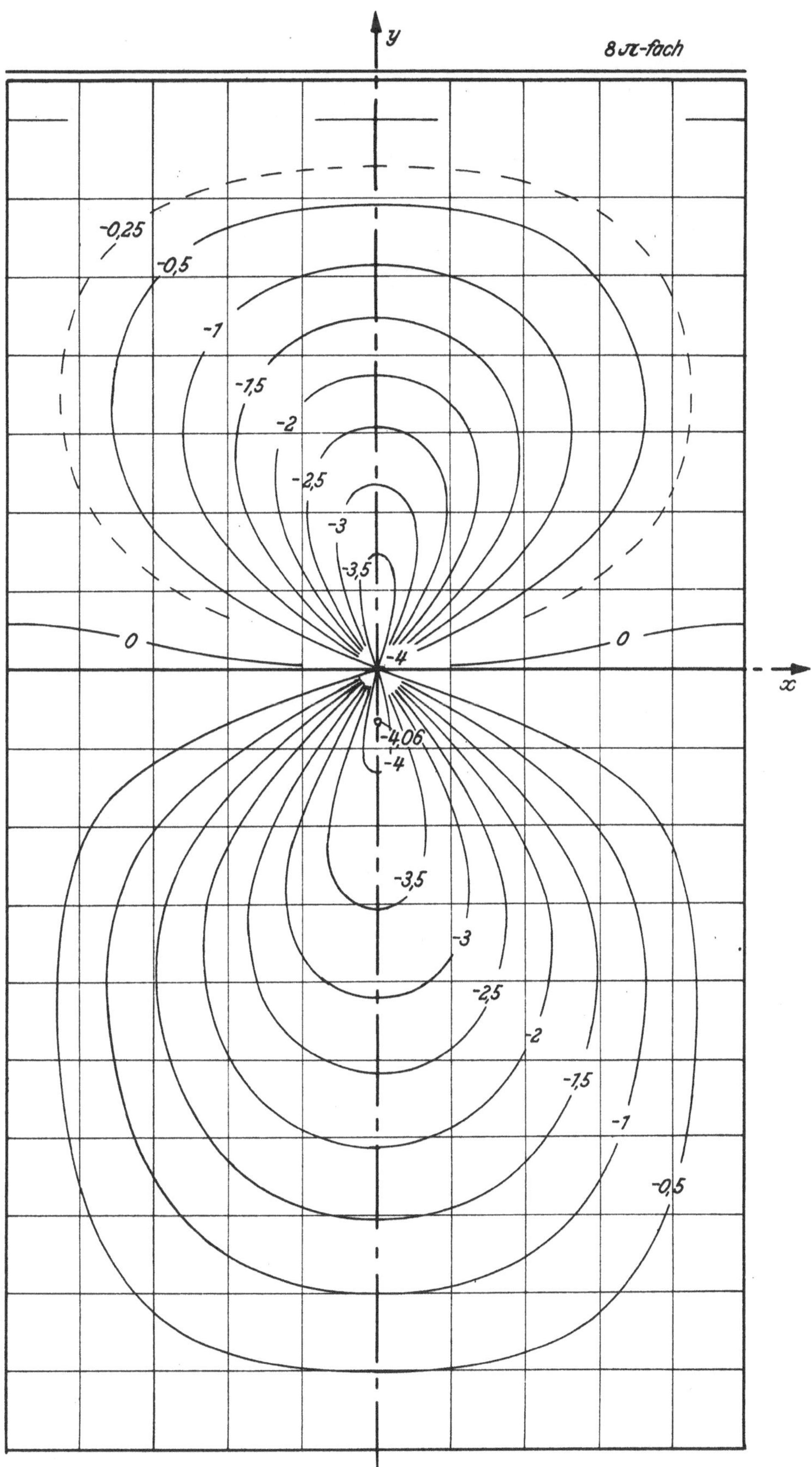

m_y-Stützmoment-Einflußfeld für die Mitte über der starren Zwischenstütze einer durchlaufenden Platte mit einem eingespannten und einem frei drehbar gelagerten Gegenrand ($l_x/l_y = 1/0{,}75$ und $1/1$)

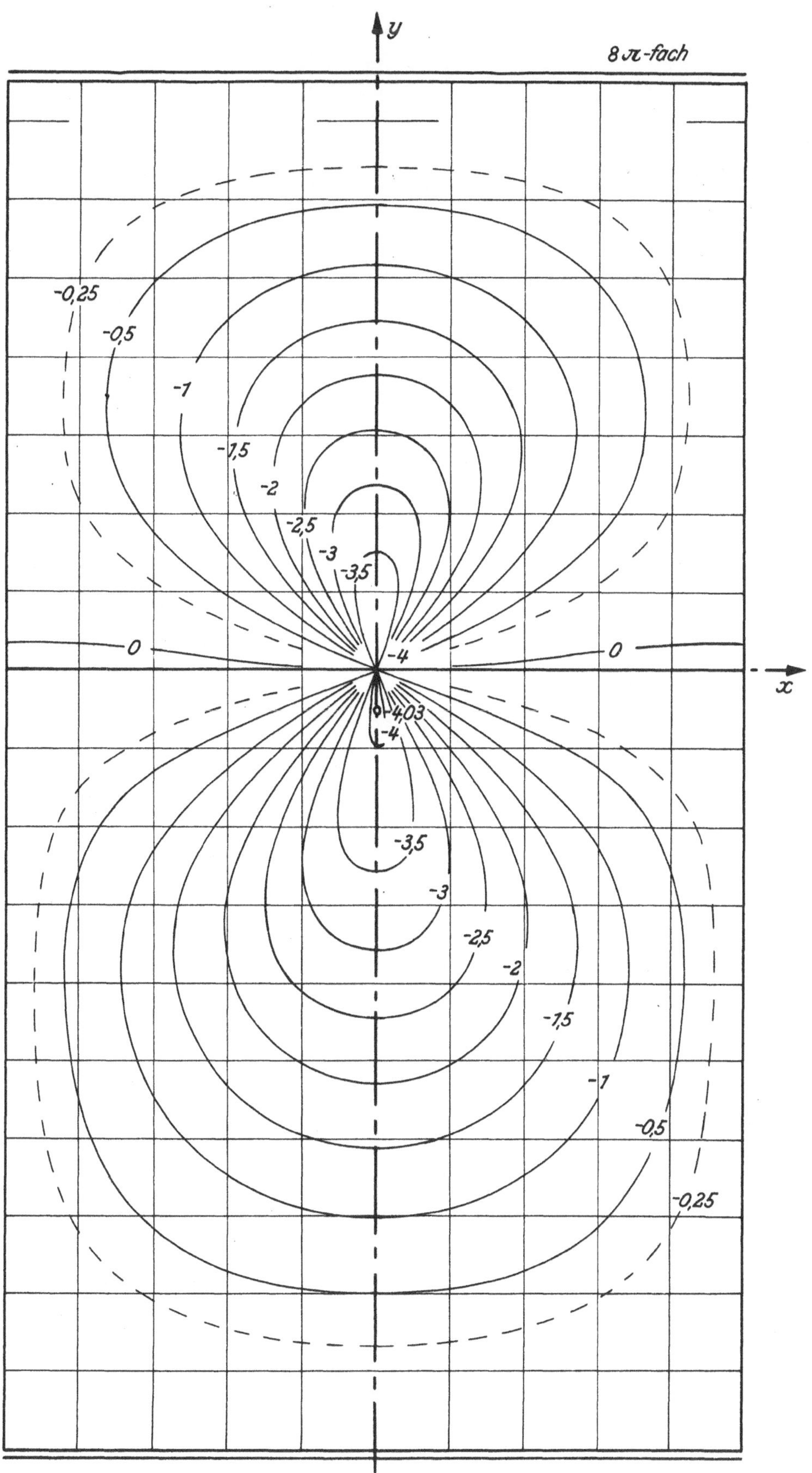

m_y-Stützmoment-Einflußfeld für die Mitte über der starren Zwischenstütze einer durchlaufenden Platte mit zwei eingespannten Gegenrändern (l_x/l_y = 1/0,75 und 1/1)

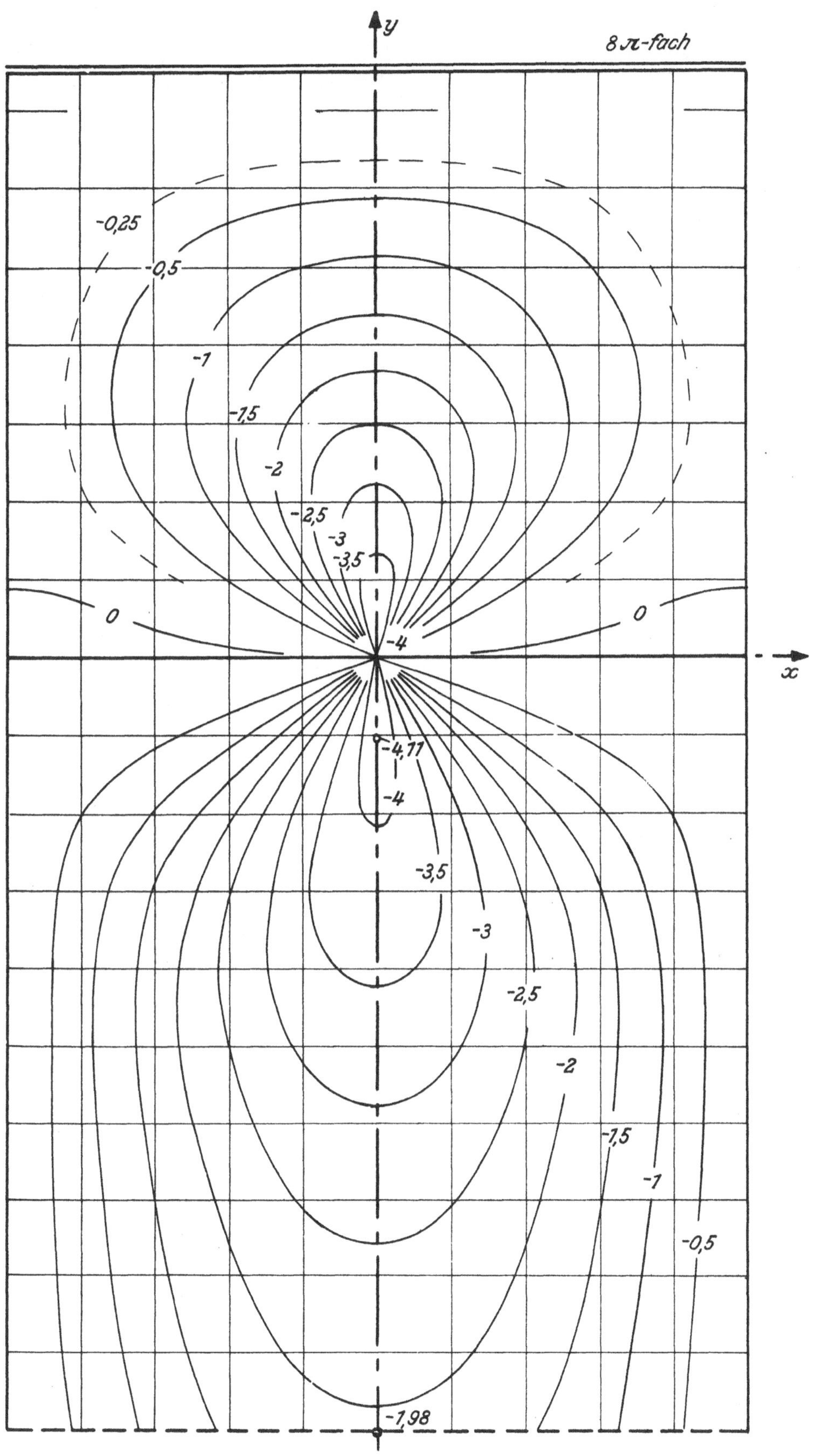

m_y-Stützmoment-Einflußfeld für die Mitte über der starren Zwischenstütze einer durchlaufenden Platte mit einem eingespannten und einem freien Gegenrand ($l_x/l_y = 1/0,75$ und $1/1$)

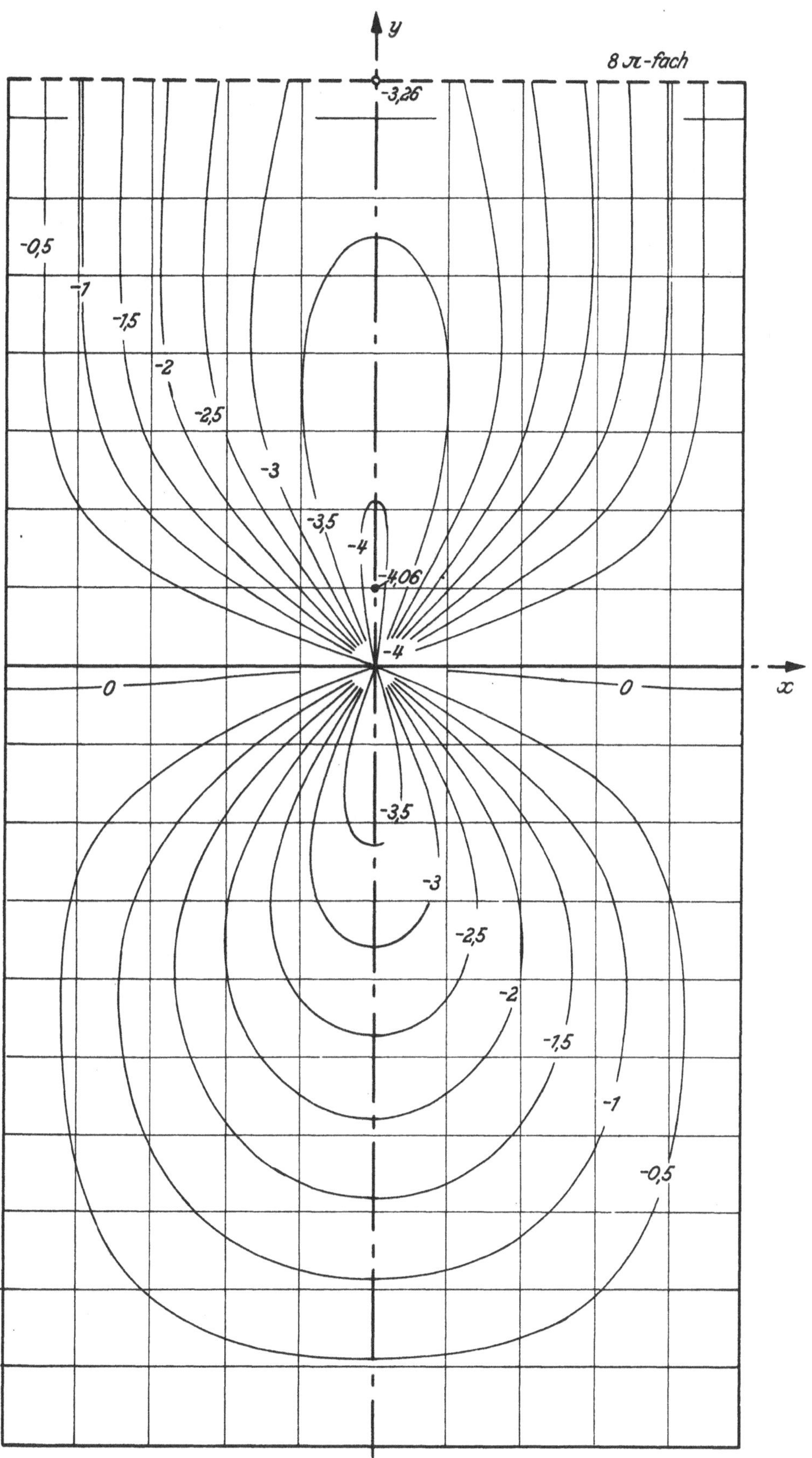

m_y-Stützmoment-Einflußfeld für die Mitte über der starren Zwischenstütze einer durchlaufenden Platte mit einem freien und einem frei drehbar gelagerten Gegenrand ($l_x/l_y = 1/0{,}75$ und $1/1$)

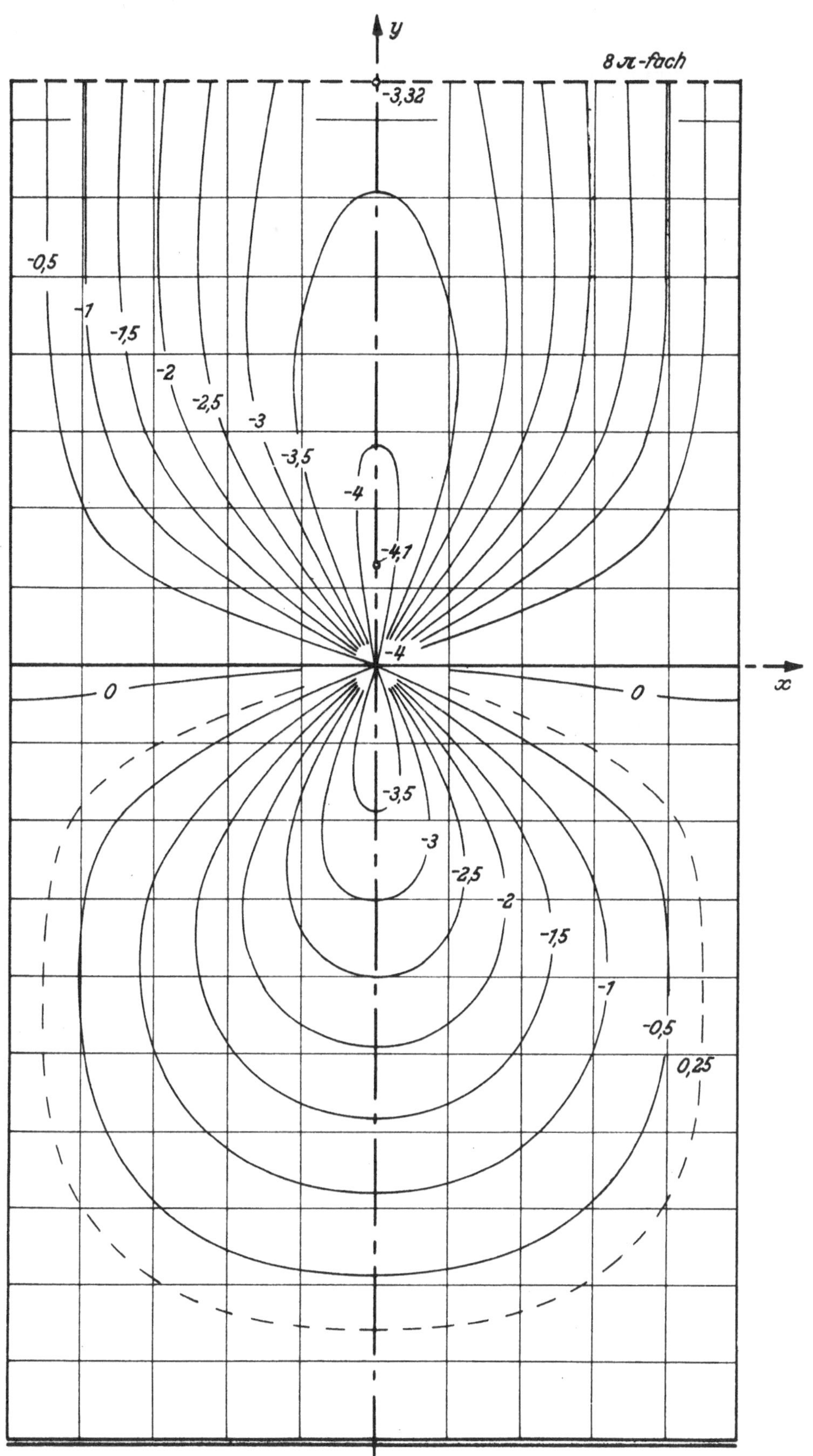

m_y-Stützmoment-Einflußfeld für die Mitte über der starren Zwischenstütze einer durchlaufenden Platte mit einem freien und einem eingespannten Gegenrand ($l_x/l_y = 1/0{,}75$ und $1/1$)

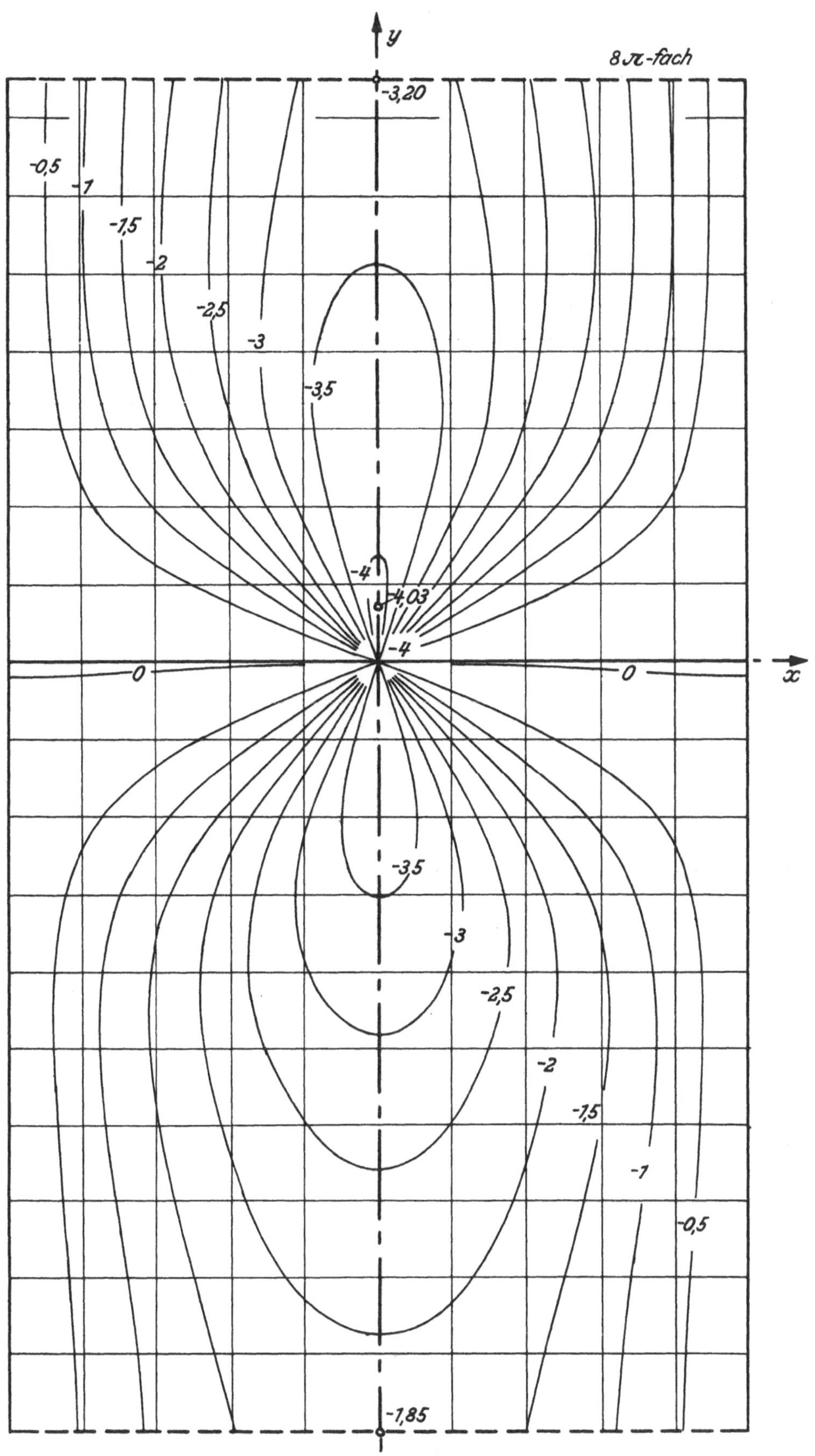

m_y-Stützmoment-Einflußfeld für die Mitte über der starren Zwischenstütze einer durchlaufenden Platte mit zwei freien Gegenrändern (l_x/l_y = 1/0,75 und 1/1)

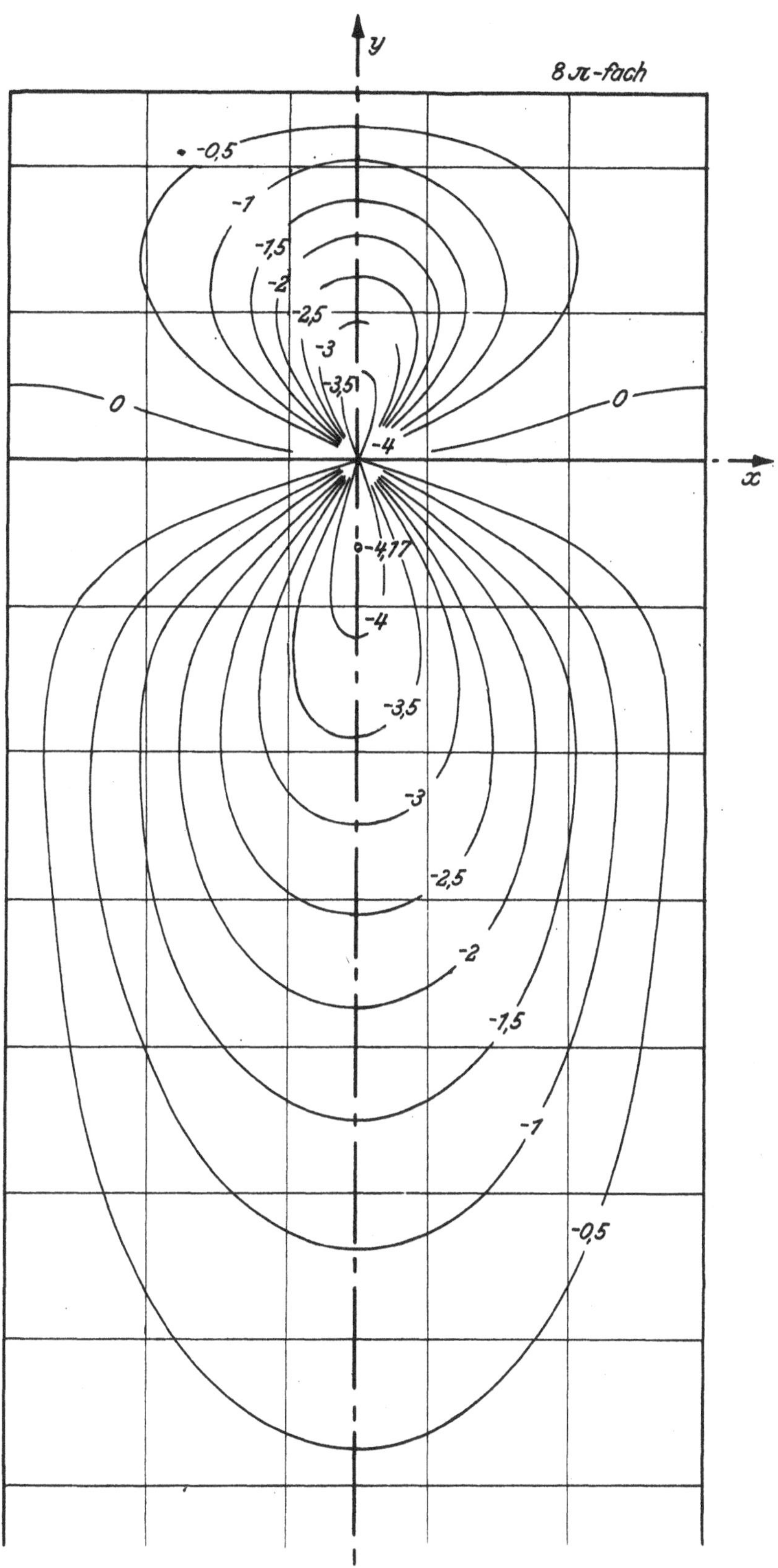

m_y-Stützmoment-Einflußfeld für die Mitte über der starren Zwischenstütze einer durchlaufenden Platte mit einem frei drehbar gelagerten Gegenrand ($l_x/l_y = 1/0{,}5$ und $1/\infty$)

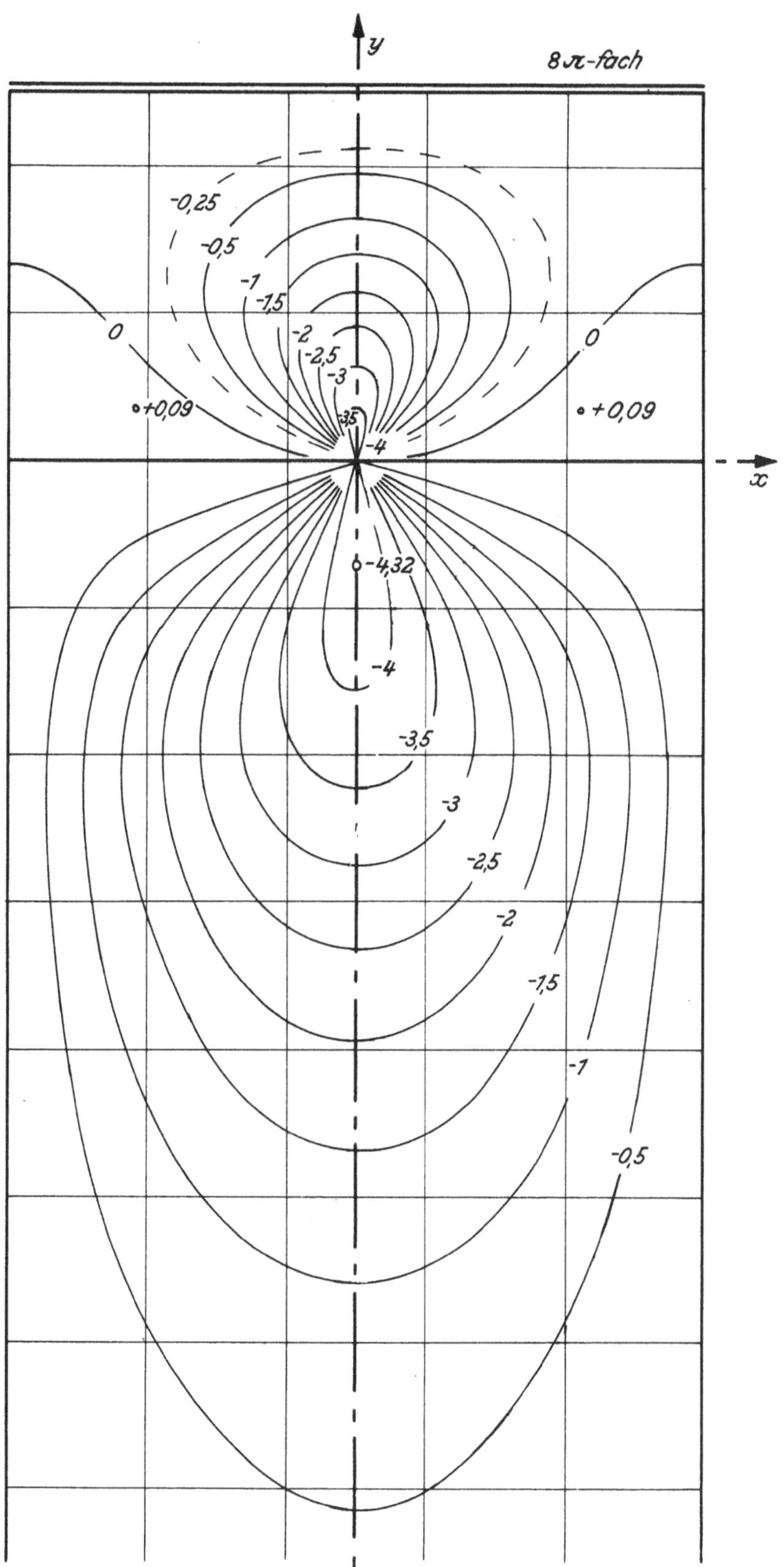

m_y-Stützmoment-Einflußfeld für die Mitte über der starren Zwischenstütze einer durchlaufenden Platte mit einem eingespannten Gegenrand ($l_x/l_y = 1/0{,}5$ und $1/\infty$)

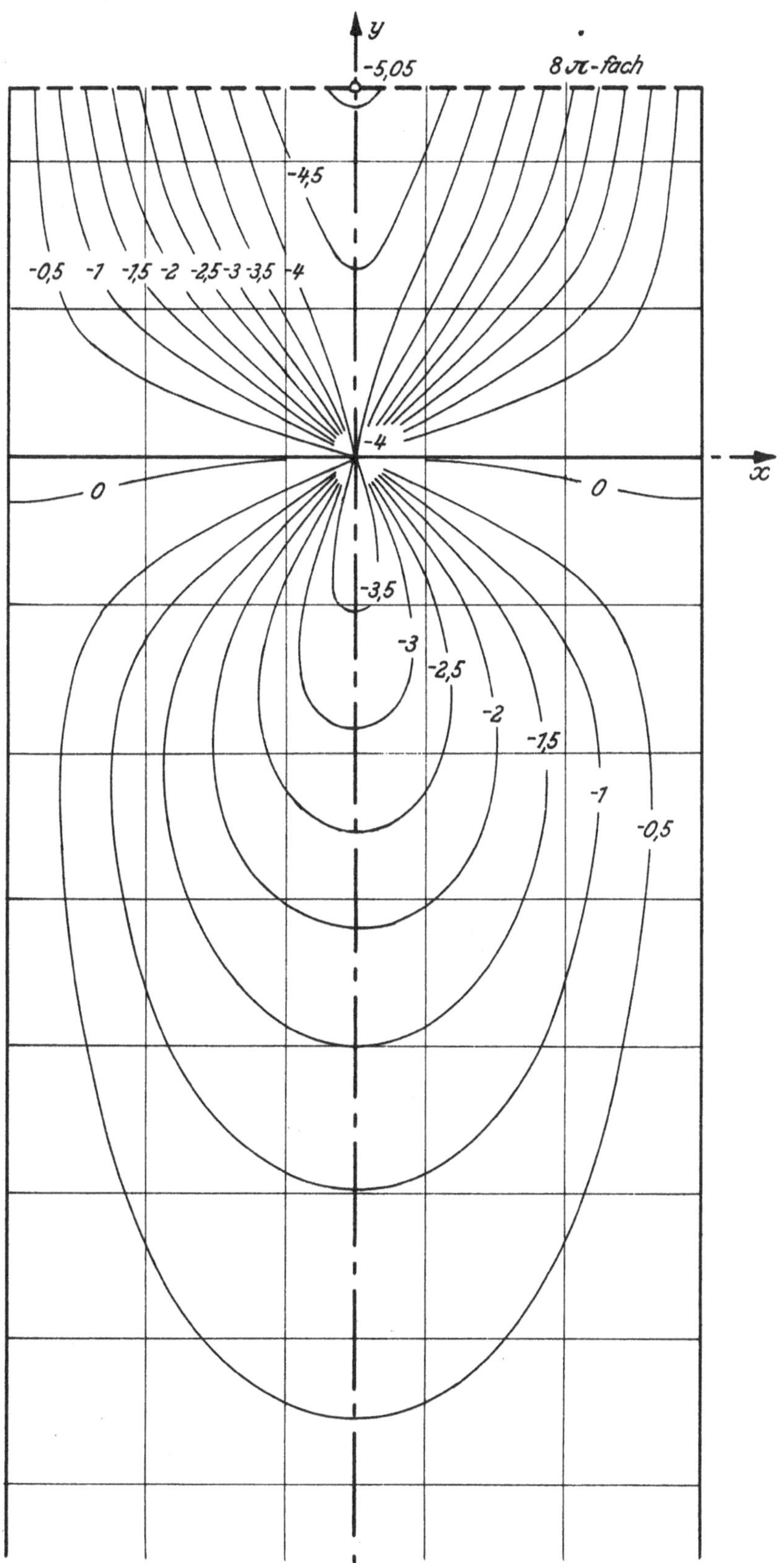

m_y-Stützmoment-Einflußfeld für die Mitte über der starren Zwischenstütze einer durchlaufenden Platte mit einem freien Gegenrand ($l_x/l_y = 1/0{,}5$ und $1/\infty$)

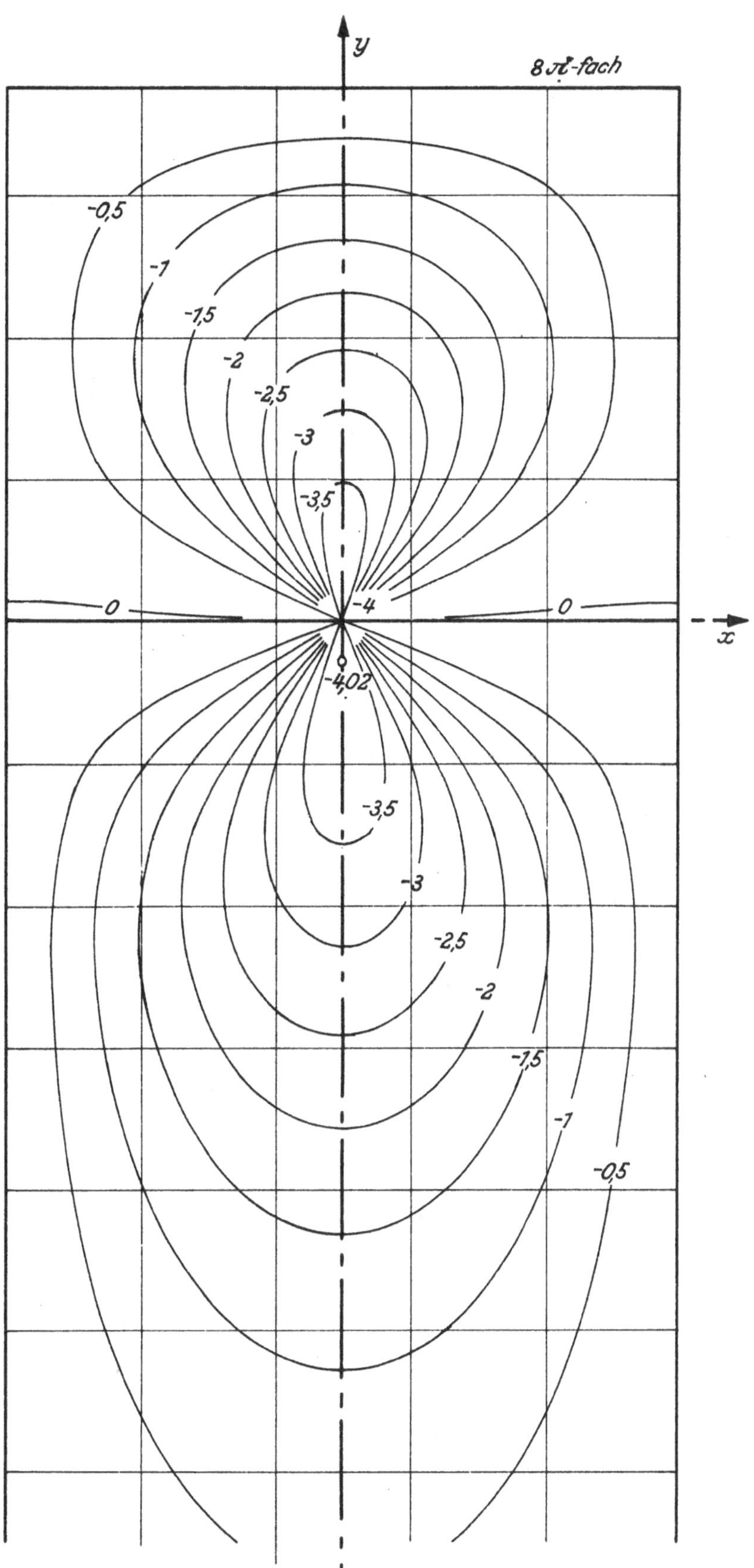

m_y-Stützmoment-Einflußfeld für die Mitte über der starren Zwischenstütze einer durchlaufenden Platte mit einem frei drehbar gelagerten Gegenrand ($l_x/l_y = 1/0,75$ und $1/\infty$)

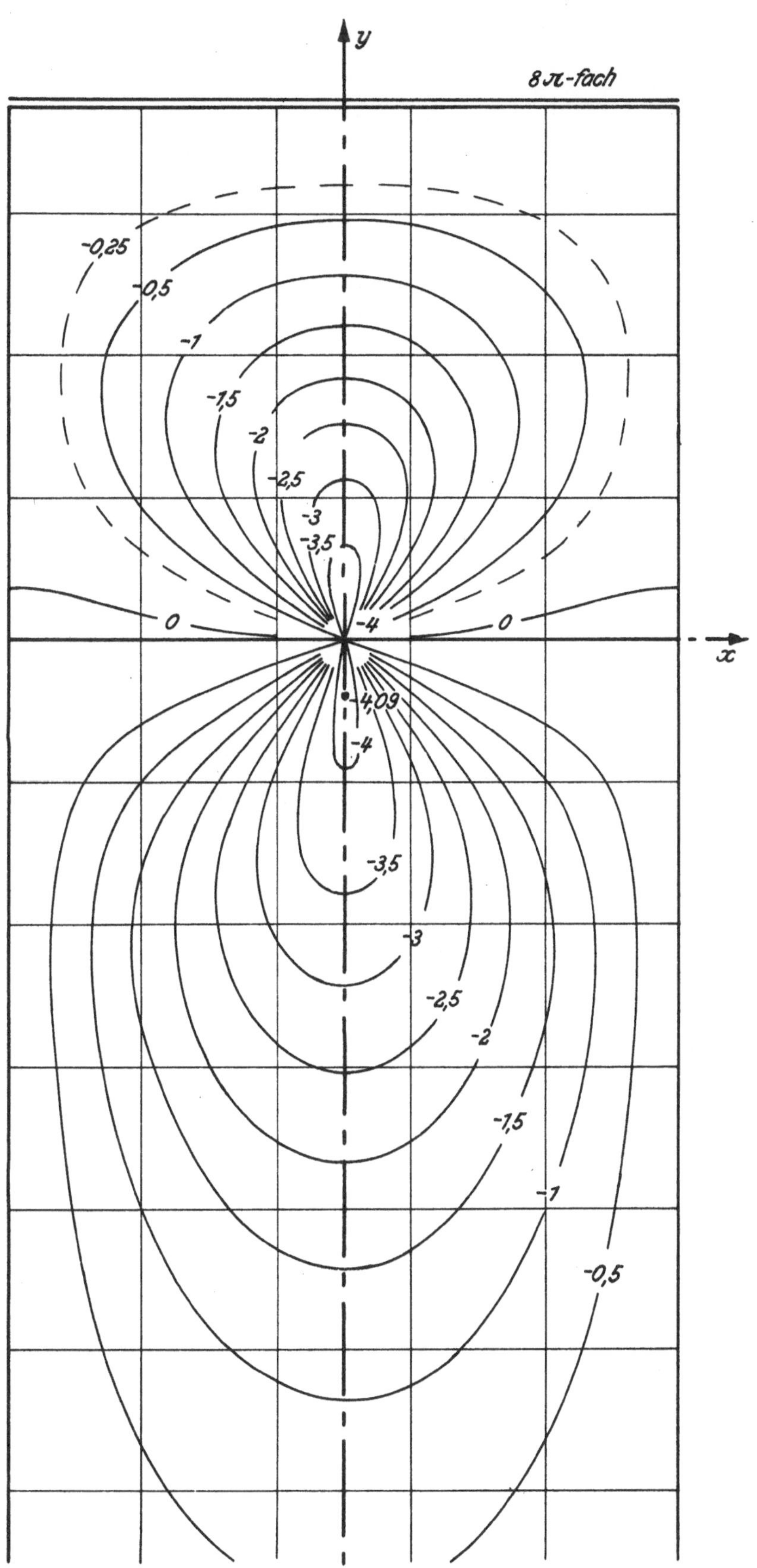

m_y-Stützmoment-Einflußfeld für die Mitte über der starren Zwischenstütze einer durchlaufenden Platte mit einem eingespannten Gegenrand ($l_x/l_y = 1/0,75$ und $1/\infty$)

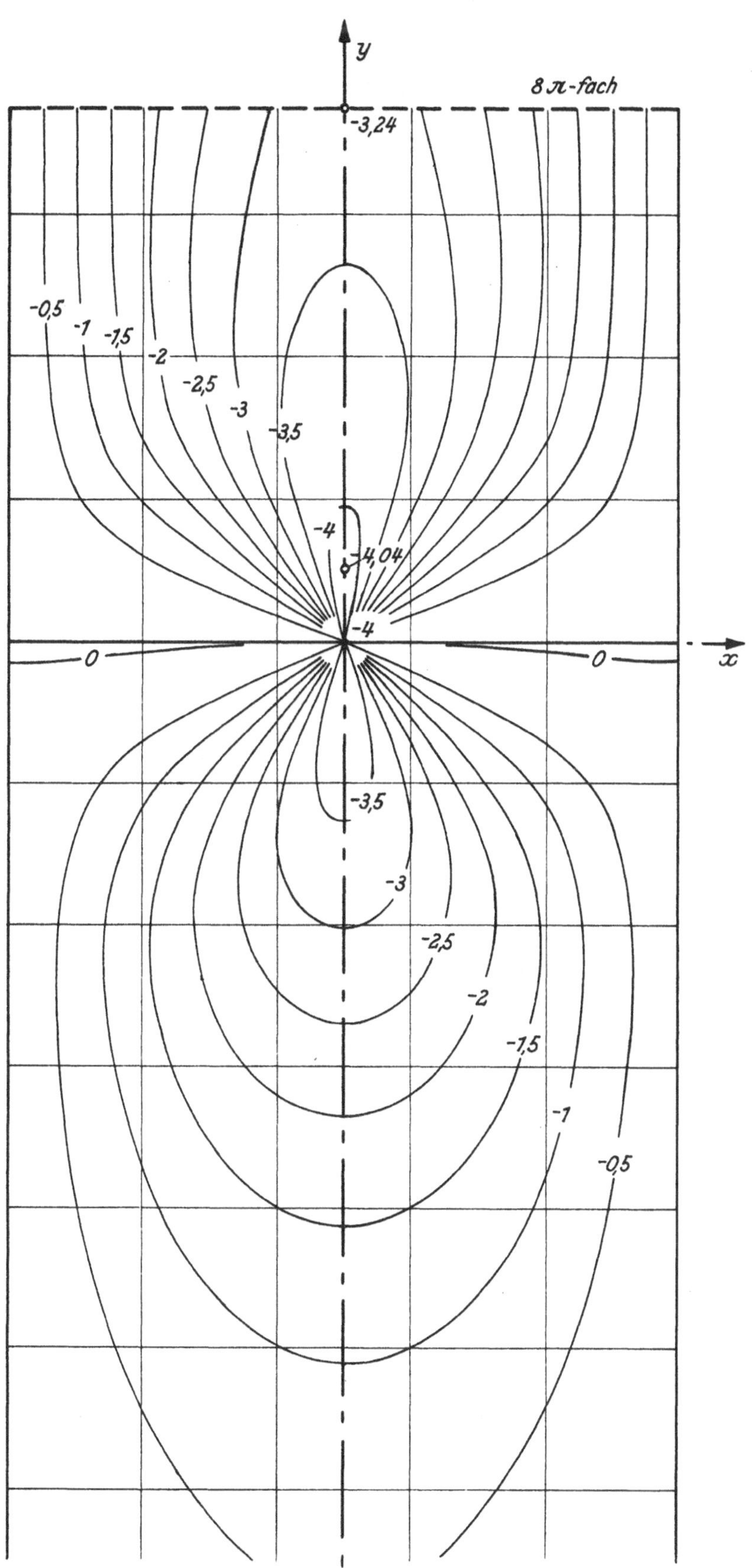

m_y-Stützmoment-Einflußfeld für die Mitte über der starren Zwischenstütze einer durchlaufenden Platte mit einem freien Gegenrand ($l_x/l_y = 1/0{,}75$ und $1/\infty$)

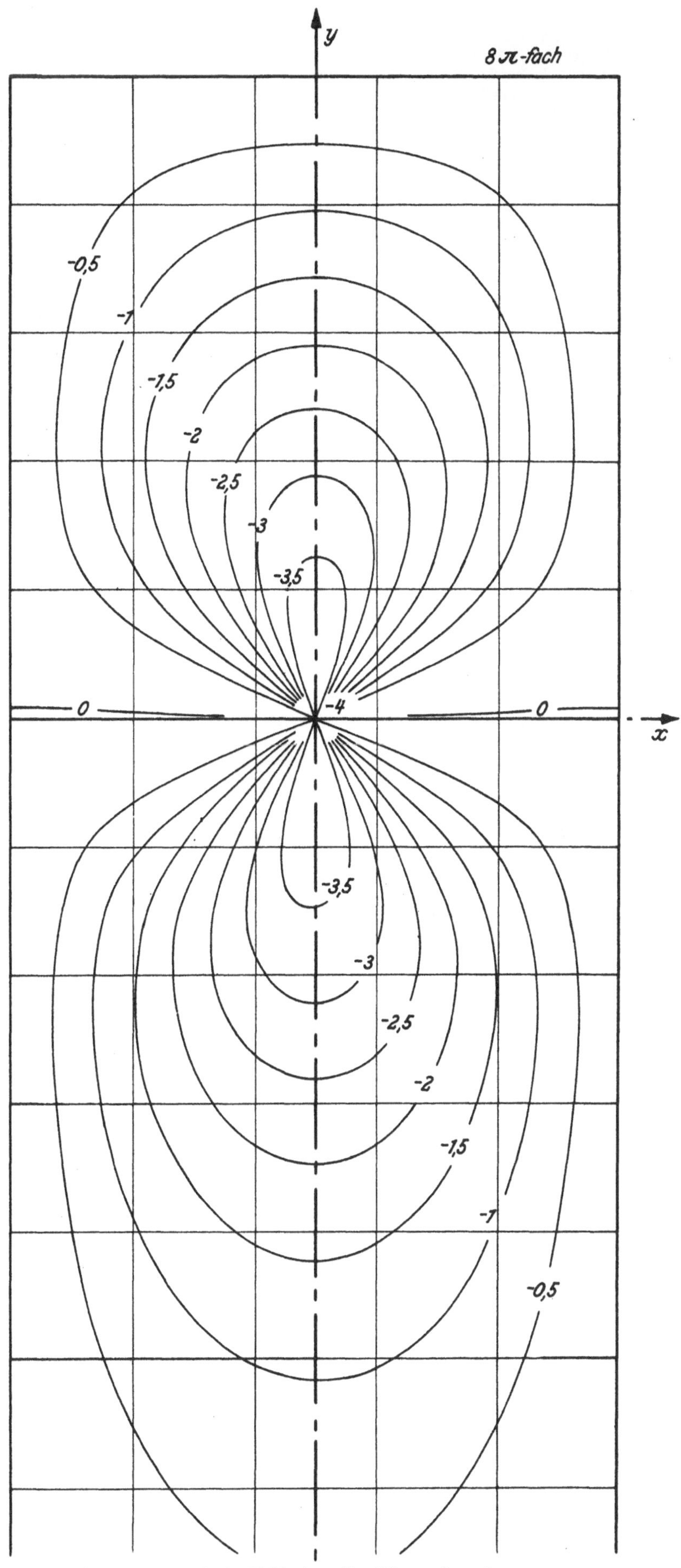

m_y-Stützmoment-Einflußfeld für die Mitte über der starren Zwischenstütze einer durchlaufenden Platte mit einem frei drehbar gelagerten Gegenrand (l_x/l_y = 1/1 und 1/∞)

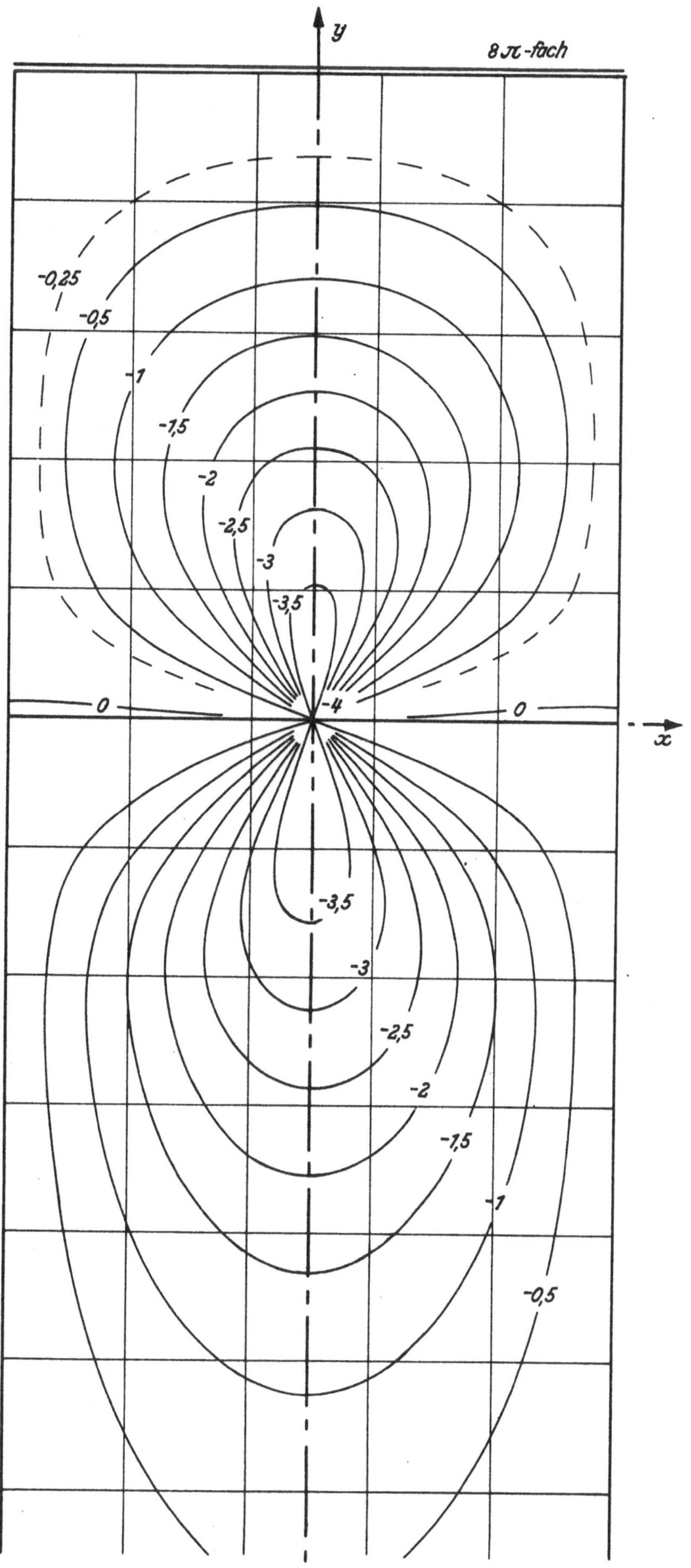

m_y-Stützmoment-Einflußfeld für die Mitte über der starren Zwischenstütze einer durchlaufenden Platte mit einem eingespannten Gegenrand ($l_x/l_y = 1/1$ und $1/\infty$)

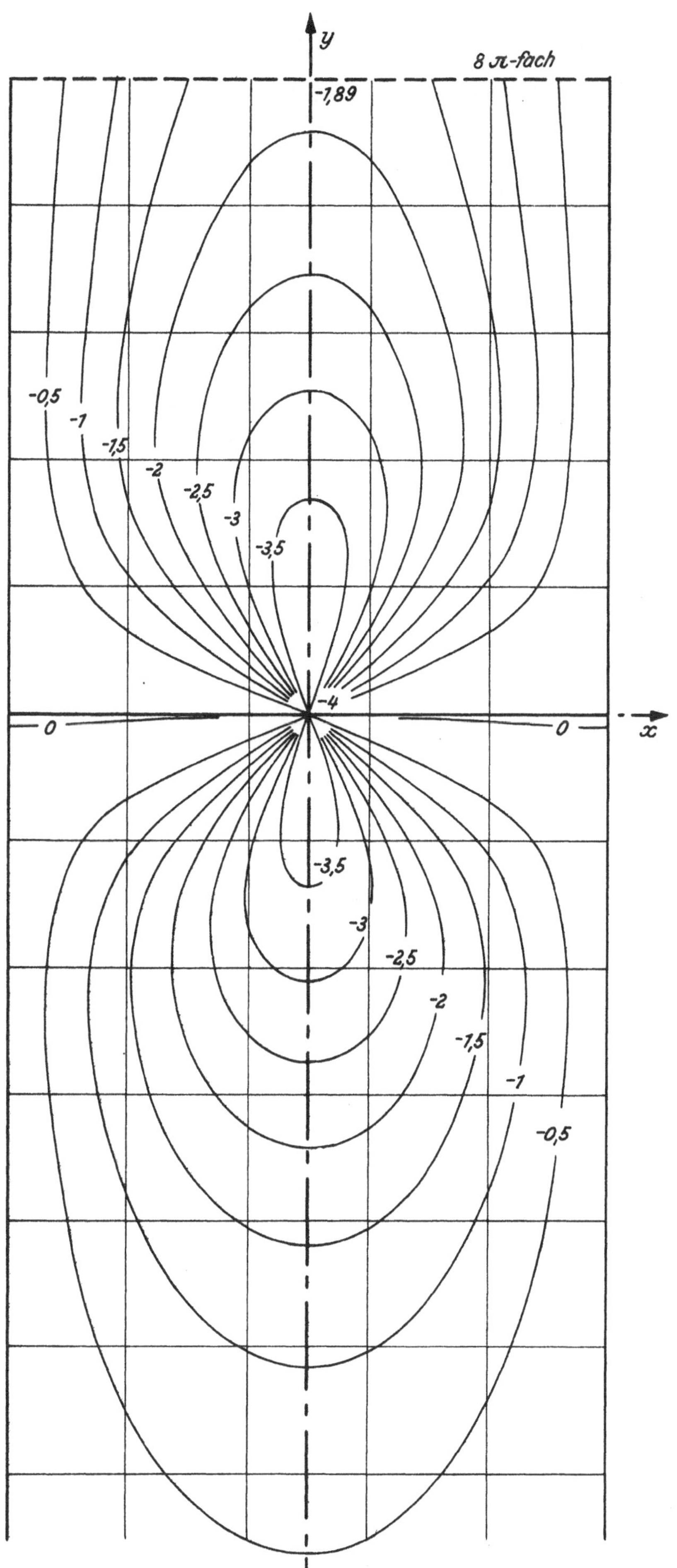

m_y-**Stützmoment-Einflußfeld für die Mitte über der starren Zwischenstütze einer durchlaufenden Platte mit einem freien** Gegenrand ($l_x/l_y = 1/1$ und $1/\infty$)

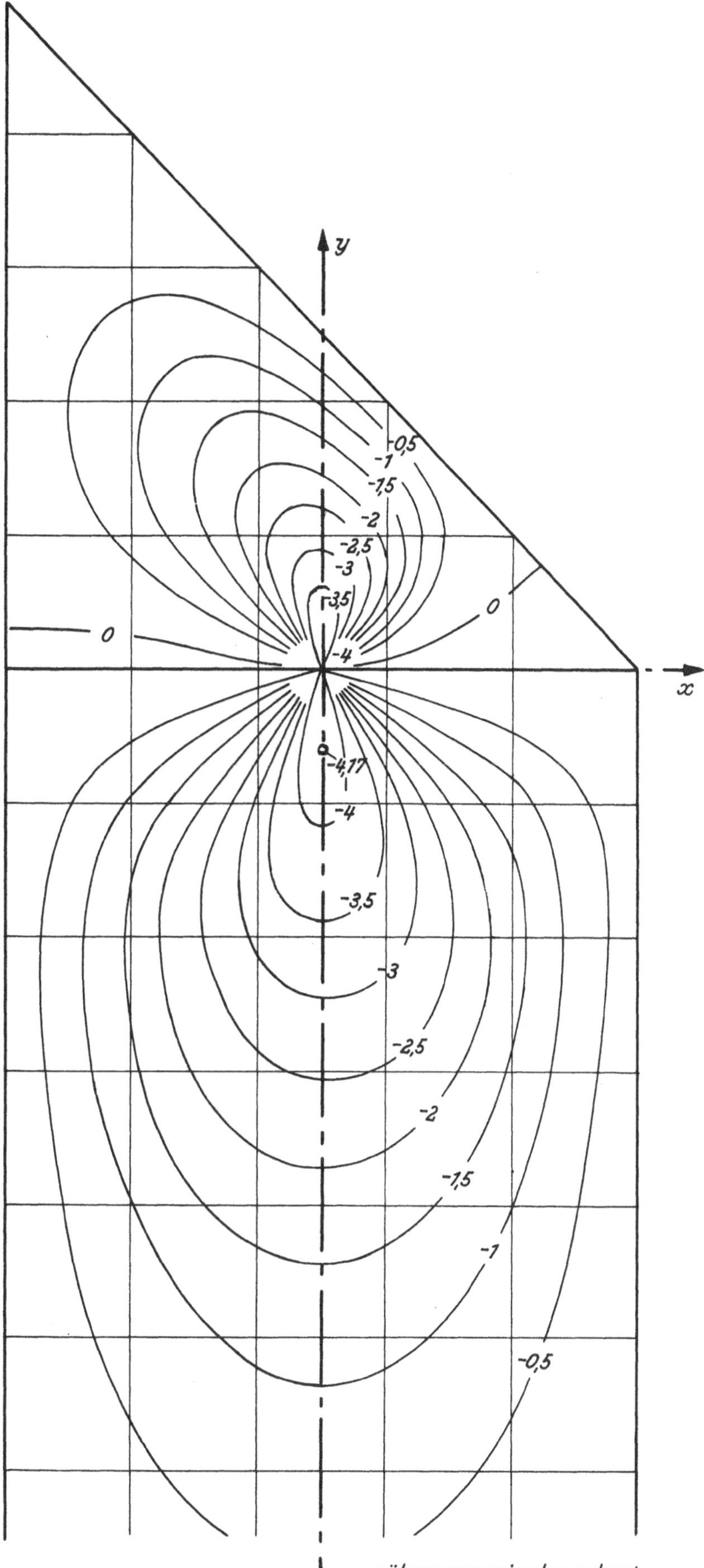

m_y-Stützmoment-Einflußfeld für die Mitte über der starren Zwischenstütze einer durchlaufenden Platte mit frei drehbar gelagerten Rändern ($l_x/l_y = 1/1$ und $1/\infty$)

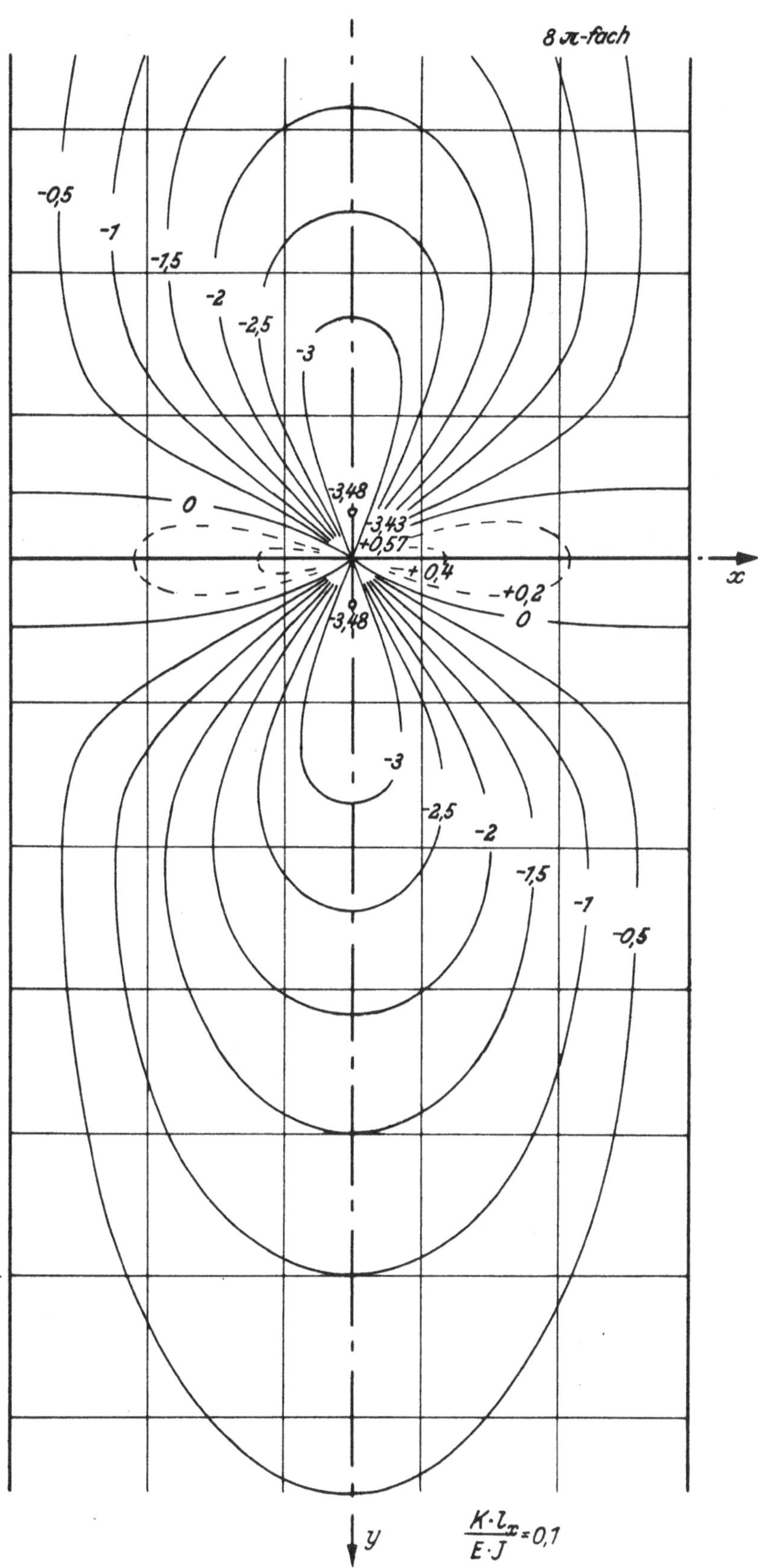

m_y-Stützmoment-Einflußfeld für die Mitte über der elastischen Zwischenstütze einer durchlaufenden Platte ($l_x/l_y = 1/\infty$)

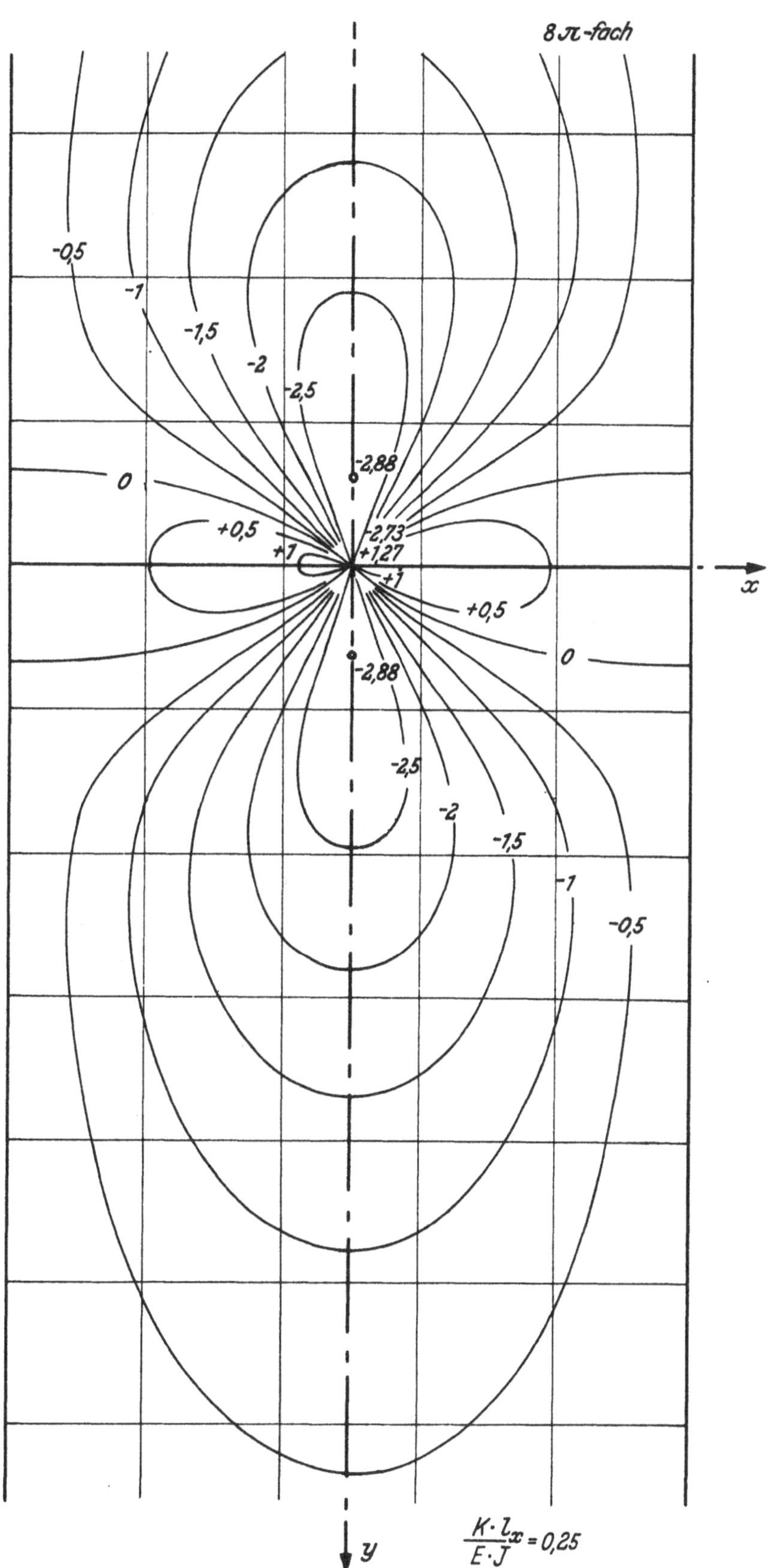

m_y-Stützmoment-Einflußfeld für die Mitte über der elastischen Zwischenstütze einer durchlaufenden Platte $(l_x/l_y = 1/\infty)$

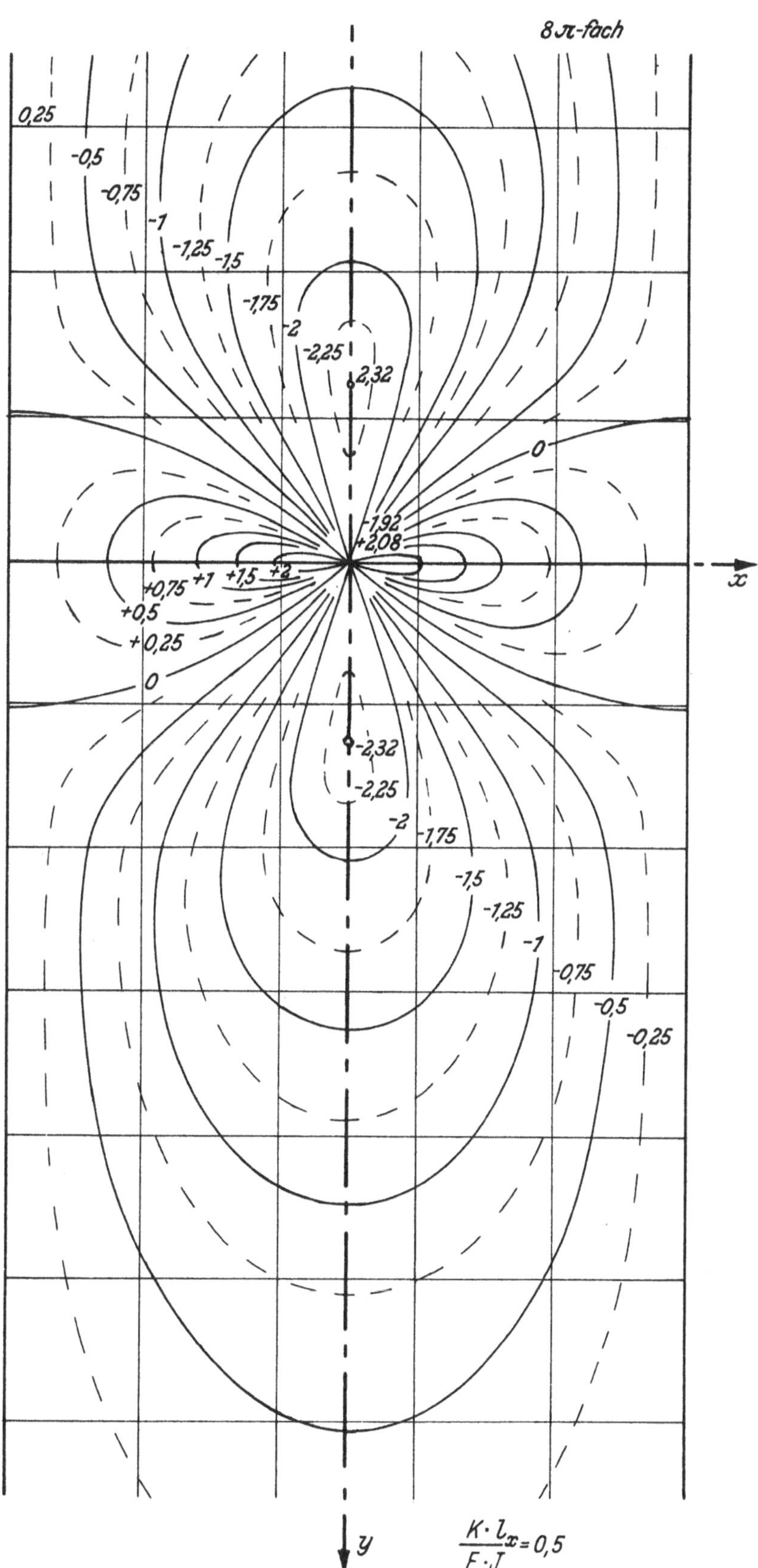

m_y-Stützmoment-Einflußfeld für die Mitte über der elastischen Zwischenstütze einer durchlaufenden Platte ($l_x/l_y = 1/\infty$)

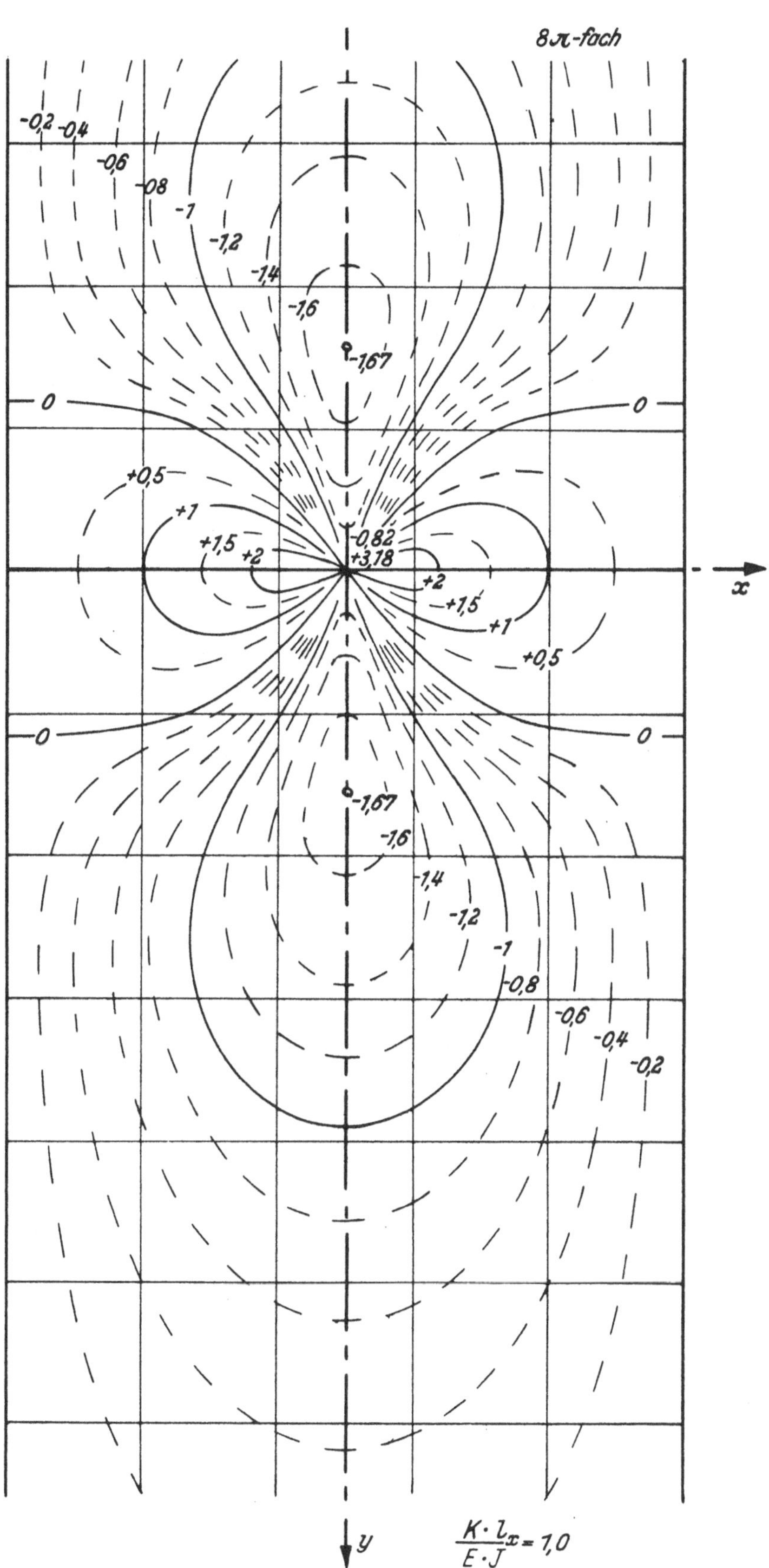

m_y-Stützmoment-Einflußfeld für die Mitte über der elastischen Zwischenstütze einer durchlaufenden Platte ($l_x/l_y = 1/\infty$)

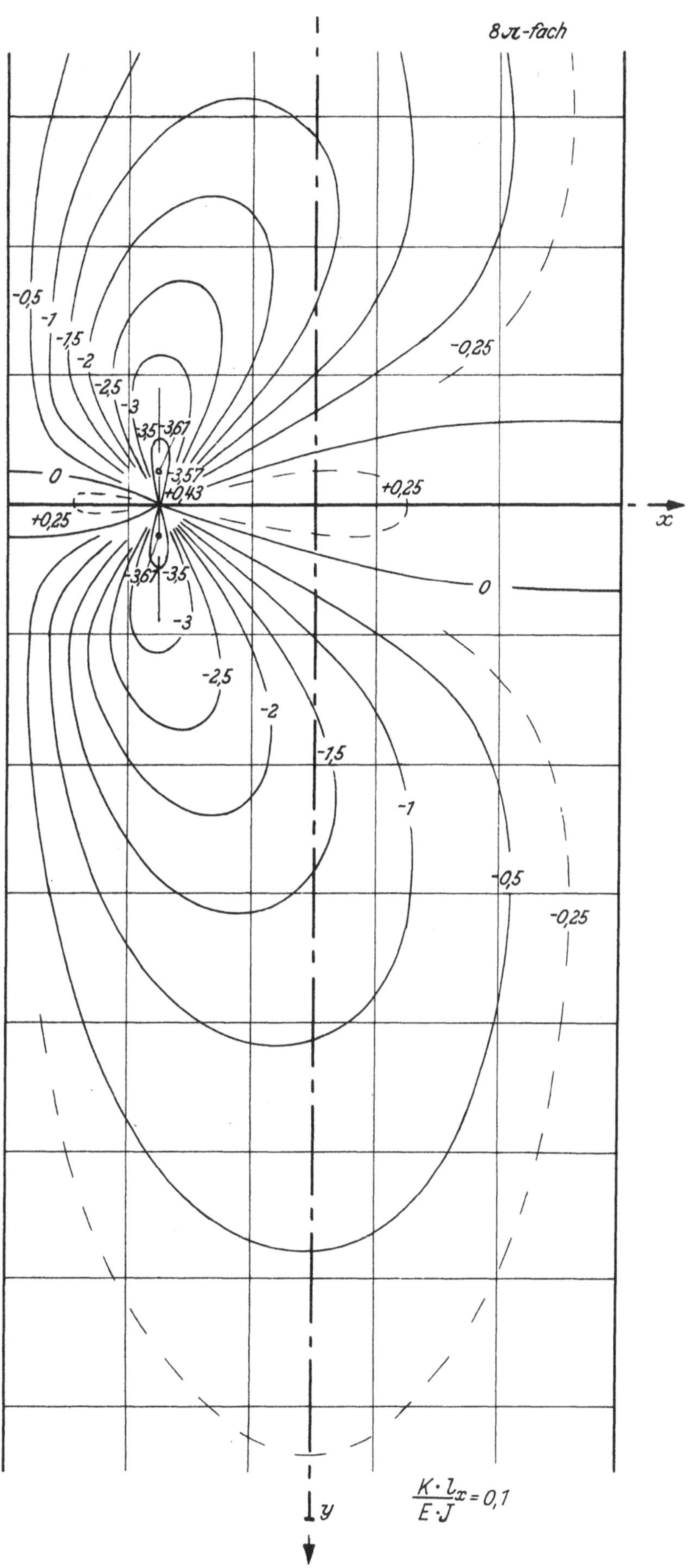

m_y-Stützmoment-Einflußfeld für den Viertelspunkt über der elastischen Zwischenstütze einer durchlaufenden Platte ($l_x/l_y = 1/\infty$)

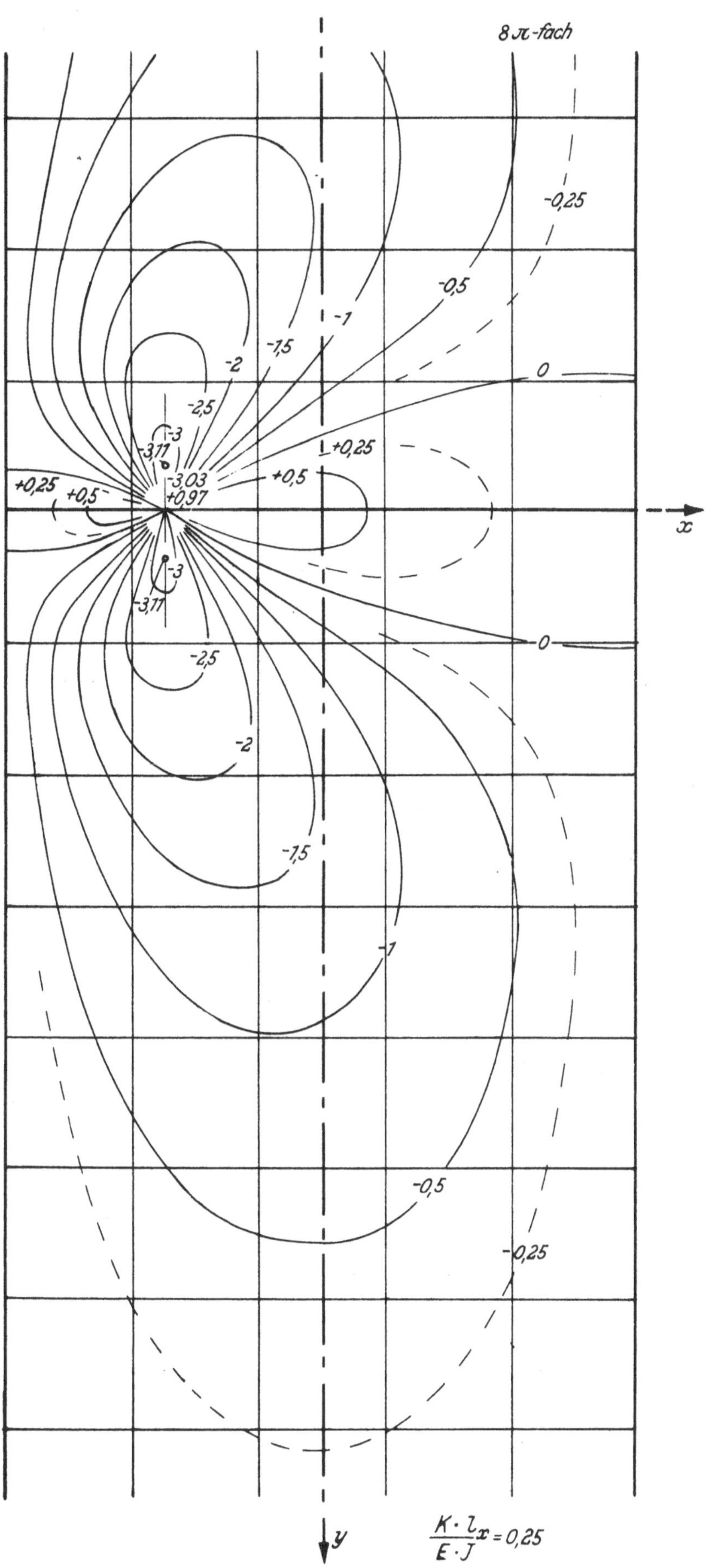

m_y-Stützmoment-Einflußfeld für den Viertelspunkt über der elastischen Zwischenstütze einer durchlaufenden Platte
$(l_x/l_y = 1/\infty)$

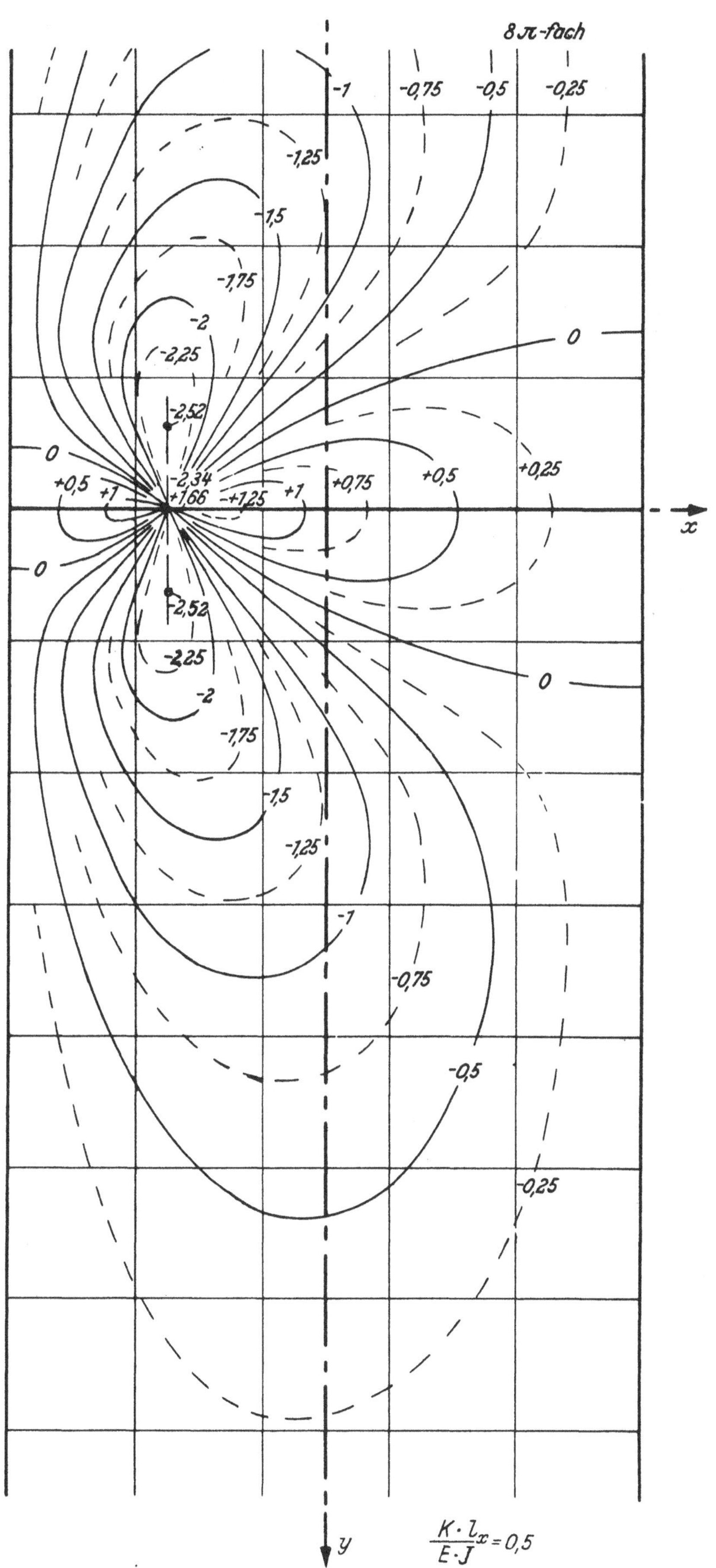

m_y-Stützmoment-Einflußfeld für den Viertelspunkt über der elastischen Zwischenstütze einer durchlaufenden Platte
$(l_x/l_y = 1/\infty)$

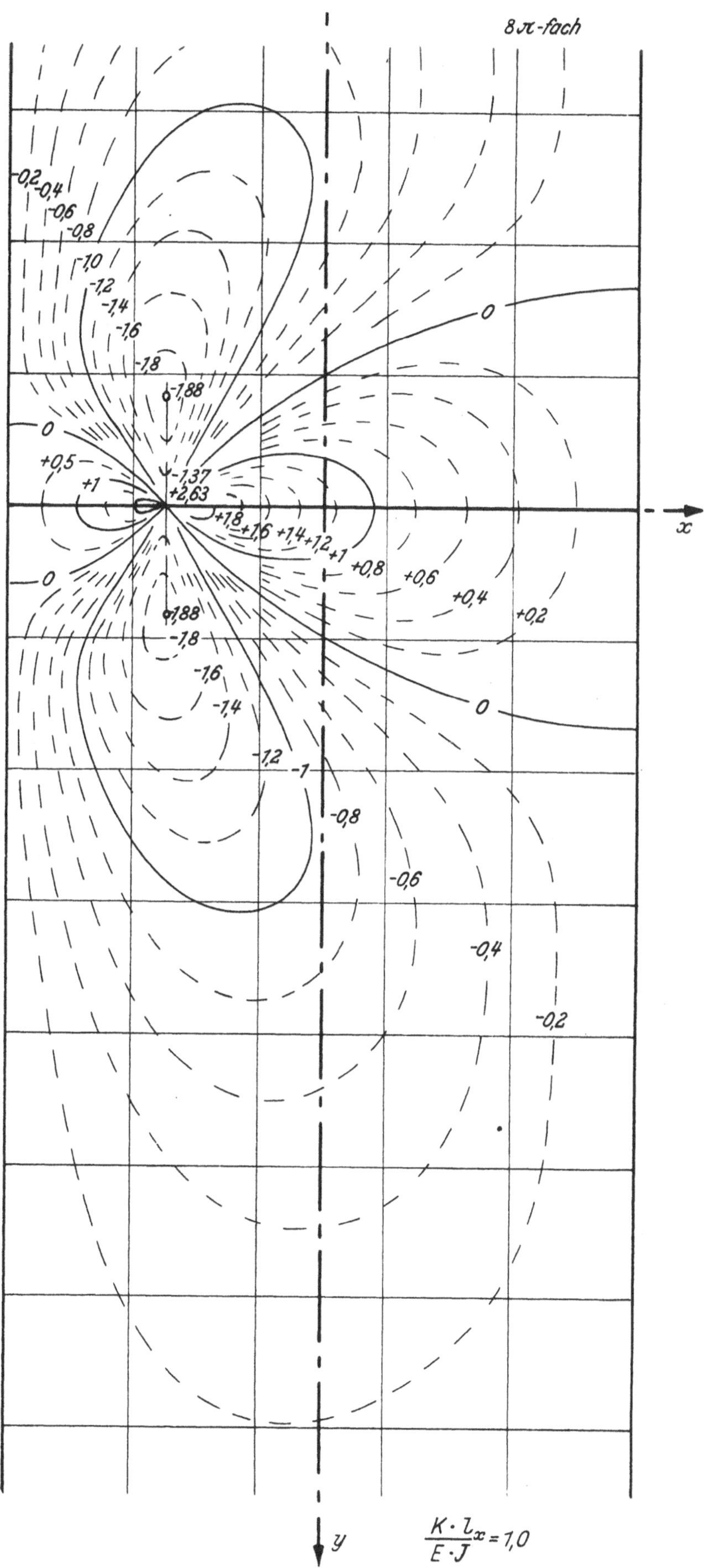

m_y-Stützmoment-Einflußfeld für den Viertelspunkt über der elastischen Zwischenstütze einer durchlaufenden Platte
($l_x/l_y = 1/\infty$)